U0113637

新疆杏李栽培实用技术

徐业勇　虎海防　张东亚 等 著

中国林業出版社
CFPH China Forestry Publishing House

本书著者

徐业勇　虎海防　张东亚　巴合提牙尔·克热木
孔婷婷　杨红丽　孙雅丽　王宝庆　王　明
巴图巴雅尔

图书在版编目(CIP)数据

新疆杏李栽培实用技术 / 徐业勇等著. —北京：中国林业出版社，2024. 1

ISBN 978-7-5219-2598-2

Ⅰ. ①新…　Ⅱ. ①徐…　Ⅲ. ①李-果树园艺　Ⅳ. ①S662. 3

中国国家版本馆 CIP 数据核字(2024)第 026691 号

策划编辑：李　敏
责任编辑：王　越

出版发行　中国林业出版社
　　　　　(100009，北京市西城区刘海胡同 7 号，电话 010-83143628)
电子邮箱　cfphzbs@163. com
网　　址　https：//www. cfph. net
印　　刷　河北京平诚乾印刷有限公司
版　　次　2024 年 1 月第 1 版
印　　次　2024 年 1 月第 1 次印刷
开　　本　148mm×210mm　　1/32
印　　张　3. 75
字　　数　101 千字
定　　价　38. 00 元

前　言

杏李(*Prunus domestica*×*armeniaca*)是美国育种专家经过70年潜心研究，通过优质杏、李多次种间杂交培育出的珍稀高档水果，兼具了杏的香味与李子的甜味，是市场前景较好的新兴水果种类之一。

杏李在欧洲、南美洲、澳洲及南非和美国都有栽培。在我国河南、河北、辽宁、安徽、陕西、浙江、江苏、湖南、湖北、四川、重庆等地均有引种栽培。新疆环塔里木盆地绿洲区域在2010年后开始栽培推广杏李，目前，阿克苏地区的阿克苏市、温宿县、库车市、沙雅县栽培约2万亩，喀什地区的伽师县、叶城县、莎车县、泽普县、巴楚县栽培约8万亩，和田地区的皮山县、和田县栽培约1万亩，伊犁州的伊宁县、霍城县、特克斯县栽培约1万亩，巴音郭楞蒙古自治州也有少量栽培。截至2022年，新疆杏李栽培面积13万亩左右。

为了贯彻自治区提出的加快形成以“八大产业集群”为支撑的现代化产业体系，深入践行“自治区林果全产业链提质增效”的科学发展部署，推进新时期林果业发展战略，促进新疆杏李产业规范化生产、可持续健康发展，特编写《新疆杏李栽培实用技术》一书。

本书主要介绍了新疆杏李引种概述、苗木繁育、丰产栽培、病虫害防控及采收与贮藏等方面的实用技术，技术要领明确、通俗易懂、实用性强，有利于促进新疆杏李的标准化栽培生产，可供生产一线的科技人员、管理干部、种植专业户学习和参考，亦可作为农业技术人员的实用培训教材。

鉴于编者的水平有限，加上研发数据、成果有待进一步完善，望读者见谅。同时，借此机会，谨向付出艰辛劳动的杏李研发、应用推广科技人员致以诚挚的敬意，向为此书提供帮助的中国林业科学研究院经济林研究所杨绍彬、侯豫顺二位老师表示衷心的感谢！

著　者

2023 年 4 月

目 录

第一章 新疆杏李引种概述

杏李（*Prunus domestica*×*armeniaca*）为蔷薇科（Rosaceae）李属（*Prunus*）核果类果树，是由美国著名果树育种家族历经3代近70年培育而成。该树种是通过杏、李种间多次杂交后，于20世纪90年代培育成功。2000年，中国林业科学研究院经济林研究所通过国家“948”项目从美国引进了7个杏李品种，包括‘恐龙蛋’‘味帝’‘味厚’‘风味皇后’‘风味玫瑰’‘味王’‘味馨’，率先在国内开展了杏李引种栽培工作，2008年，“中西部杏李适宜栽培区筛选及优质高产栽培技术”项目通过国家林业局验收。

2004—2010年，新疆林业科学院在环塔里木盆地周边多个县市进行了中试、区试面积3030亩①。其中：阿克苏地区的温宿县新疆林业科学院佳木试验站营建良种栽培中试园50亩、温宿县绿疆缘果业合作社2000亩、库车市200亩、拜城县20亩、乌什县20亩，喀什地区的伽师县500亩、麦盖提县100亩，和田地区的策勒县50亩、皮山县20亩、墨玉县20亩，巴音郭楞蒙古自治州的轮台县50亩。通过对各区试点连续7年的观测，‘恐龙蛋’‘味帝’‘味厚’‘风味皇后’‘风味玫瑰’‘味王’在新疆环塔里木盆地周边区域引种栽培表现良好，开花结果正常，产量高，果实品质优良。

新疆的杏李果实色泽艳丽，果形美观，果味芳香浓郁、独特，营养丰富，果大、早实、高产、稳产、收获期长，具备抗旱、抗

---

① 1亩≈0.067hm^2

寒、耐瘠薄等抗逆特性，适应环塔里木盆地周边区域及相似环境条件下栽培，深受广大消费者与种植者追捧，被认为是新疆最具发展前景的特色林果，据 2022 年不完全统计，杏李在新疆栽培面积已达 13 万亩。

第一节　杏李引种过程

一、‘恐龙蛋’

（一）引种过程

2004 年，新疆林业科学院从中国林业科学研究院经济林研究所引进‘恐龙蛋’品种，在新疆林业科学院佳木试验站定植 10 亩进行中试试验，同时，陆续安排了阿克苏、喀什、和田 3 地区 8 县市 10 个区试点。通过对其抗逆性（如抗寒性、抗旱性、耐瘠薄能力等）、生长势、产量和果实品质（如糖度、酸度、维生素 C 含量）等方面进行观察测定，发现‘恐龙蛋’在新疆环塔里木盆地周边区域种植表现出适应性强、丰产性好和品质优良等特点，‘恐龙蛋’于 2010 年 12 月通过新疆维吾尔自治区林木品种审定委员会审定，命名为‘恐龙蛋’杏李（*Prunus domestica* ‘Konglongdan’），良种编号：新 S-SV-PDA-021-2010。

（二）品种特征特性

1. 植物学特征

‘恐龙蛋’树姿开张，主干及多年生枝暗绿色，1 年生枝及新梢淡绿色。单叶互生，叶片长倒卵状或椭圆形，绿色，叶长 6~9cm、宽 2.5~4cm，叶柄长 0.8~1.3cm，先端渐尖，基部楔形，边缘锯齿三角状，叶脉无毛或散生柔毛，叶背淡绿色，沿脉疏被柔毛，侧脉 7~9 对；通常在叶片基部边缘两侧各有 1 个腺体，托叶线形，先端渐尖。花芽簇生，属簇生混合芽。先开花后展叶，每个花芽有 1~3 朵花，簇生于短枝顶端；花萼和花瓣均为 5 片，覆瓦状排列；

萼筒钟状，萼片卵形，绿色；萼筒和萼片内外两面均被短柔毛；花初为淡青色，以后逐渐变为白色；雌蕊略高于雄蕊，花药暗黄色。

2. 果实经济性状

果实近圆形，纵径4.6~6.3cm，横径4.8~6.6cm，平均单果重86.3g，最大单果重180g。果面黄红色，带有红色斑点，果肉鲜红，肉质脆甜爽口，质脆汁多，粗纤维少，味香甜，黏核。果实可溶性固形物含量19%，水解后还原糖含量11.22%，总酸含量11.70g/kg，钾含量225.44mg/100g。栽植期间有轻微裂果现象。果实耐贮运，常温下贮藏20~30天，1~3℃可贮藏3~5个月。亦可直接加工成果汁饮料。

3. 生长结果特性

生长势旺，萌芽率高，成枝力强。以短果枝和花束状果枝结果为主，短果枝和花束状果枝结果量占全树结果量的75%~90%，复花芽多，完全花率高，花朵坐果率40%以上。结果早，丰产性强，苗木定植后第3年单株产量3~5kg，第4~5年进入盛果期，株产30~50kg，亩产2000~2500kg。盛果期可达15年以上。属异花授粉品种，自花结实率低，需配置适宜授粉树，适宜的授粉品种是‘风味皇后’‘味厚’和‘味王’。

4. 物候期

在新疆阿克苏地区温宿县新疆林业科学院佳木试验站，‘恐龙蛋’花芽萌动期为3月15日左右，初花期为3月26日至4月5日，叶芽萌动期为3月20日至4月2日，展叶期为4月10~15日；4月15日后开始抽生新枝。果实7月中下旬开始着色，果实成熟期8月下旬至9月初，果实生长发育期150天左右。秋梢10月底未停止生长，叶片无转色期，遇重霜开始落叶，落叶期为11月上旬。

二、‘味帝’

（一）引种过程

2004年，新疆林业科学院从中国林业科学研究院经济林研究所引进‘味帝’品种，在新疆林业科学院佳木试验站定植10亩进行中试试验，同时，陆续安排了阿克苏、喀什、和田3地区8县市10个区试点。通过对其抗逆性、生长势、产量和果实品质等方面进行观察测定，发现‘味帝’在新疆环塔里木盆地周边区域种植表现出适应性强、丰产性好和品质优良等特点。‘味帝’于2010年12月通过新疆维吾尔自治区林木品种审定委员会审定，命名为‘味帝’杏李（*Prunus domestica*‘Weidi’），良种编号：新S-SV-PDA-020-2010。

（二）品种特征特性

1. 植物学特征

‘味帝’树姿开张，主干及多年生枝青灰色，当年生枝青绿色，新梢淡红色，有光泽，皮孔小而密，节间长2.2cm。叶片椭圆形，暗绿色，有光泽，背面绿色，叶缘锯齿状，叶片长5.1~10.0cm、宽2.5~4.1cm，先端尖，基部宽楔形，叶柄长1.2cm。花芽簇生，先开花后展叶，花托长，花萼青绿色，花瓣在花初时为淡绿色，以后逐渐变为白色，雌蕊略高于雄蕊，花药暗黄色。

2. 果实经济性状

果实近圆形，果实纵径4.6~5.9cm，横径4.5~5.8cm。平均单果重83g，最大单果重116g。成熟果实果皮浅绿色带红色斑点，果肉鲜红色，质细，黏核，粗纤维少，果汁多，香气浓，果肉质脆甜爽口，可溶性固形物含量19.2%，水解后糖含量12.15%，总酸含量12.89g/kg，钾含量230.90mg/100g。栽植期间不裂果。果实耐贮运，常温下贮藏15~20天，1~3℃可贮藏2~3个月。亦可直接加工成果汁饮料。

3. 生长结果特性

生长势强，萌芽率高，成枝力较强，以短果枝和花束状果枝结果为主，这两种果枝结果量占全树结果量的75%~90%，复花芽多，完全花率高，结果早，丰产性强，栽后第3年即开花结果，平均株产1~3kg。第4~5年进入盛果期，株产30~40kg，亩产1500~2000kg。盛果期可达15年以上。属异花授粉品种，自花不结实，

需配置适宜授粉树，适宜的授粉品种是‘味王’‘风味皇后’‘味厚’和‘风味玫瑰’。

4. 物候期

在新疆阿克苏地区，‘味帝’花芽萌动期为3月17日左右，初花期为4月3~6日，叶芽萌动期为3月20日至4月2日，展叶期为4月8~12日；4月12日后开始抽生新枝。果实6月中下旬开始着色，7月上旬成熟，果实生长发育期95天左右。秋梢10月底未停止生长，叶片无转色期，遇重霜开始落叶，落叶期为11月上中旬。

三、‘味厚’

（一）引种过程

2004年，新疆林业科学院从中国林业科学研究院经济林研究所引进‘味厚’品种，在新疆林业科学院佳木试验站定植10亩进行中试试验，同时，陆续安排了阿克苏、喀什、和田3地区8县市10个区试点。通过对其生长、抗逆性、产量和果实品质等方面进行观察测定，发现‘味厚’在新疆环塔里木盆地周边种植表现出适应性强、丰产性好和品质优良等特点。‘味厚’于2010年12月通过新疆维吾尔自治区林木品种审定委员会审定。命名为‘味厚’杏李（*Prunus domestica* ‘Weihou’），良种编号：新S-SV-PDA-019-2010。

（二）品种特征特性

1. 植物学特征

‘味厚’树姿开张，主干及多年生枝黄褐色，有裂纹，皮孔小而密；1年生枝及新梢较细弱，其阳面淡褐色，背面绿色，新梢节间长2.7cm。叶片长椭圆形，边缘锯齿盾片状，表面绿色，叶长9.7cm、宽4.5cm，叶柄长1.4cm，叶片薄，沿主脉向上隆起，呈勺状；无毛或稀散生柔毛，叶背淡绿色，沿主脉密被白色至锈色柔毛。托叶淡绿色，线形，边缘有紫褐色锯齿，早落；通常在叶柄上端两侧各有1~2个腺体。花芽簇生，先开花后展叶，每个花芽有花1~3朵，簇生于短枝顶端；花萼和花瓣均为5片，覆瓦状排列；萼筒钟状，萼片卵形，青绿色；花蕾绿色，花朵白色；雌蕊略高于雄蕊，花药暗黄色。

2. 果实经济性状

果实近圆形，果实纵径4.6~5.7cm，横径4.8~6.2cm。平均单果重87g，最大单果重168g。可溶性固形物含量23.2%，水解后还原糖含量10.7%，总酸含量7.73g/kg，钾含量230.12mg/100g。不易裂果，极耐贮藏，常温下贮藏30~60天，1~3℃可贮藏3~6个月。

3. 生长结果特性

树势中庸直立，萌芽率中等，成枝力较弱，枝条较细弱，容易下垂。初结果树以中果枝和短果枝结果为主，盛果期树以短果枝和花束状果枝结果为主。复花芽多，栽植第3年少量结果，平均株产1~3kg；第4~5年进入盛果期，株产30~50kg，亩产2000~2500kg。盛果期可达15年以上。属异花授粉品种，自花结实率低，需配置适宜授粉树，适宜的授粉品种是‘恐龙蛋’和‘风味皇后’。

4. 物候期

在新疆阿克苏地区，‘味厚’花芽萌动期为3月20日左右，初花期为4月3~6日，叶芽萌动期为3月22日至4月3日，展叶期为4月8~12日；4月12日后开始抽生新枝。果实6月下旬开始着色，果实晚熟，成熟期9月中下旬至10月上旬，果实发育期175天左右。秋梢10月底未停止生长，叶片无转色期，遇重霜开始落叶，落叶期为11月上中旬。

四、‘风味皇后’

(一)引种过程

2004年，新疆林业科学院从中国林业科学研究院经济林研究所引进‘风味皇后’品种，在新疆林业科学院佳木试验站定植10亩进行中试试验，同时，陆续安排了阿克苏、喀什、和田3地区8县市10个区试点。通过对其生长、抗逆性、产量和果实品质等方面

进行观察和测定，‘风味皇后’在新疆环塔里木盆地周边进行种植表现出适应性强、丰产性好和品质优良等特点。‘风味皇后’于2018年通过新疆维吾尔自治区林木品种审定委员会审定，命名为‘风味皇后’杏李（*Prunus domestica*‘Fengweihuanghou’），良种编号：新S-SV-PS-001-2018。

（二）品种特征特性

1. 植物学特征

‘风味皇后’树姿开张，主干及多年生枝黄褐色，有裂纹，皮孔小而密；1年生枝及新梢较细弱，其阳面淡褐色，背面绿色，新梢节间长2.7cm。叶片长椭圆形，边缘锯齿盾片状，表面绿色，叶长9.7cm、宽4.5cm，叶柄长1.4cm，叶片薄，沿主脉向上隆起，呈勺状；无毛或稀散生柔毛，叶背淡绿色，沿主脉密被白色至锈色柔毛。托叶淡绿色，线形，边缘有紫褐色锯齿，早落；通常在叶柄上端两侧各有1~2个腺体。花先开放，每个花芽有花1~3朵，簇生于短枝顶端；花萼和花瓣均为5片，覆瓦状排列；萼筒钟状，萼片卵形，青绿色；花蕾绿色，花朵白色；雌蕊略高于雄蕊，花药暗黄色。

2. 果实经济性状

果实扁圆形或近圆形，纵径4.7~5.9cm，横径4.5~6.2cm，平均单果重87.6g，最大果重145g。成熟后整个果皮、果肉均橘黄色，质细，离核，粗纤维少，果汁多，味甜，香气浓，口感好。可溶性固形物含量17%~19%。栽培管理不当易裂果。耐储运，常温下贮藏15~30天，1~3℃可贮藏3~5个月。亦可直接加工成果汁饮料。

3. 生长结果特性

树势中庸，萌芽率中等，成枝力较弱，枝条较细弱，容易下垂。初结果树以中果枝和短果枝结果为主，盛果期树以短果枝和花束状果枝结果为主。复花芽多，栽植第3年少量结果，平均株产1~3kg；第4~5年进入盛果期，株产30~50kg，亩产2000~

2500kg。盛果期可达15年以上。‘风味皇后’属异花授粉品种，自花授粉结实率低，需配置适宜授粉树，适宜的授粉品种是‘恐龙蛋’和‘味帝’。

4. 物候期

在新疆阿克苏地区，‘风味皇后’花芽萌动期为3月18日左右，初花期为4月1~6日，叶芽萌动期为3月20日至4月3日，展叶期为4月8~12日；4月12日后开始抽生新枝。果实6月下旬开始着色，8月中下旬成熟，果实发育期140天左右，采前有落果现象。秋梢10月底未停止生长，叶片无转色期，遇重霜开始落叶，落叶期为11月上中旬。

五、‘风味玫瑰’

（一）引种过程

2004年，新疆林业科学院从中国林业科学研究院经济林研究所引进‘风味玫瑰’品种，在新疆林业科学院佳木试验站定植5亩进行中试试验，同时，陆续安排了阿克苏、喀什、和田3地区8县市10个区试点。通过对其生长、抗逆性、产量和果实品质等方面进行观察和测定，‘风味玫瑰’在新疆环塔里木盆地进行种植表现出适应性强、丰产性好和品质优良等特点。‘风味玫瑰’于2018年通过新疆维吾尔自治区林木品种审定委员会审定，命名为‘风味玫瑰’杏李（*Prunus domestica* ‘Fengweimeigui’），良种编号：新S-SV-PS-002-2018。

（二）品种特征特性

1. 植物学特征

‘风味玫瑰’树姿开张，主干及多年生枝黄褐色，有裂纹，皮孔小而密；1年生枝及新梢较细弱，其阳面淡褐色，背面绿色，新梢节间长2.7cm。叶片长椭圆形，边缘锯齿盾片状，表面绿色，叶长9.7cm、宽4.5cm，叶柄长1.4cm，叶片薄，沿主脉向上隆起，呈勺状；无毛或稀散生柔毛，叶背淡绿色，沿主脉密被白色至锈色柔

毛。托叶淡绿色，线形，边缘有紫褐色锯齿，早落；通常在叶柄上端两侧各有1~2个腺体。花先开放，每个花芽有花1~3朵，簇生于短枝顶端；花萼和花瓣均为5片，覆瓦状排列；萼筒钟状，萼片卵形，青绿色；花蕾绿色，花朵白色；雌蕊略高于雄蕊，花药暗黄色。

2. 果实经济性状

果实扁圆形，纵径3.5~5.6cm，横径3.7~5.9cm，平均单果重65g，最大单果重128g。不易裂果，采前有落果现象。果皮紫黑色，果肉鲜红色，质地细，核极小，粗纤维少，果汁多，风味甜，香气浓，品质极佳。可溶性固形物含量15.6%。常温下可贮藏15~20天，在1~3℃的低温条件下可贮藏1~2个月。亦可直接加工成果汁饮料。

3. 生长结果特性

该品种萌芽率高，成枝力中等，树势中庸，树冠开张。枝条较细弱，容易下垂。初结果树以中果枝和短果枝结果为主，盛果期树以短果枝和花束状果枝结果为主。复花芽多，自花授粉结实率低，栽植第3年少量结果，平均株产1~3kg；第4~5年进入盛果期，株产30~50kg，亩产1500~2000kg。盛果期可达15年以上。属异花授粉品种，自花结实率低，需配置授粉树，适宜的授粉品种是‘恐龙蛋’和‘味帝’。

4. 物候期

在新疆阿克苏地区，‘风味玫瑰’花芽萌动期为3月16日左右，初花期为4月2~6日，叶芽萌动期为3月20日至4月3日，展叶期为4月6~10日；4月10日后开始抽生新枝。果实5月下旬开始着色，6月底至7月初成熟，果实发育期85天左右。秋梢10月底未停止生长，叶片无转色期，遇重霜开始落叶，落叶期为11月上中旬。

六、'味王'

(一)引种过程

2004年，新疆林业科学院从中国林业科学研究院经济林研究所引进'味王'品种，在新疆林业科学院佳木试验站定植5亩进行中试试验，同时，陆续安排了阿克苏、喀什、和田3地区8县市10个区试点。通过对其生长、抗逆性、产量和果实品质等方面进行观察和测定，'味王'在新疆环塔里木盆地进行种植表现出适应性强、丰产性好和品质优良等特点。'味王'于2023年12月通过新疆维吾尔自治区林木品种审定委员会审定，命名为'味王'杏李(*Prunus domestica* 'Weiwang')，良种编号：新S-SV-PDA-001-2023。

(二)品种特征特性

1. 植物学特征

'味王'树姿开张，主干及多年生枝黄褐色，有裂纹，皮孔小而密；1年生枝及新梢较细弱，其阳面淡褐色，背面绿色，新梢节间长2.7cm。叶片长椭圆形，边缘锯齿盾片状，表面绿色，叶长9.7cm、宽4.5cm，叶柄长1.4cm，叶片薄，沿主脉向上隆起，呈勺状；无毛或稀散生柔毛，叶背淡绿色，沿主脉密被白色至锈色柔毛。托叶淡绿色，线形，边缘有紫褐色锯齿，早落；通常在叶柄上端两侧各有1~2个腺体。花先开放，每个花芽有花1~3朵，簇生于短枝顶端；花萼和花瓣均为5片，覆瓦状排列；萼筒钟状，萼片卵形，青绿色；花蕾绿色，花朵白色；雌蕊略高于雄蕊，花药暗黄色。

2. 果实经济性状

果实近圆形，果实纵径4.7~5.6cm，横径4.9~6.0cm，平均单果重81.7g，最大果重135g。果顶稍尖突起，似桃形，果皮紫红色，光滑，具果点，果面覆果粉，果肉红色，离核，具有浓郁的玫瑰香味，品质上等不裂果。可溶性固形物含量18.1%~21%，水解后还原糖含量11.1%，总酸含量9.02g/kg，钾含量186.24mg/100g。耐贮运，常温下贮藏15~30天，1~3℃可贮藏2~3个月。亦

可直接加工成果汁饮料。

3. 生长结果特性

‘味王’成枝力较弱，枝条较细弱，容易下垂。初结果树以中果枝和短果枝结果为主，盛果期树以短果枝和花束状果枝结果为主。复花芽多。栽植第3年少量结果，平均株产1~3kg；第4~5年进入盛果期，株产30~50kg，亩产2000~2500kg。盛果期可达15年以上。自花授粉结实率低，需配置授粉树，适宜的授粉品种是‘味帝’‘风味玫瑰’和‘味厚’。

4. 物候期

在新疆阿克苏地区，‘味王’花芽萌动期为3月25日左右，初花期为4月3~6日，叶芽萌动期为3月28日至4月3日，展叶期为4月8~12日；4月12日后开始抽生新枝。果实6月下旬开始着色，8月下旬成熟，果实发育期145天左右。秋梢10月底未停止生长，叶片无转色期，遇重霜开始落叶，落叶期为11月上中旬。

七、抗逆性

‘恐龙蛋’‘味帝’‘味厚’‘风味皇后’‘风味玫瑰’‘味王’杏李品种在多个区试点连续7年观测结果，均表现出：①抗寒性：3年生以上树体可耐-25℃低温；②抗旱性：在新疆南疆区域，壤土果园全年浇足4次水即可满足其正常生长、结果；③耐盐碱：在pH值8.6的碱性土壤中生长正常；④具有较强的耐土壤瘠薄能力；⑤抗病虫害能力较强，病虫害发生较少。表明阿克苏地区、喀什地区、和田地区等环塔里木盆地周边区域适宜以上杏李6个品种栽培发展。

第二节　杏李二代品种

2000年，我国引进了第一代杂交杏李新品种，经示范推广，在国内产生了巨大反响。第一代杏李具有丰产性强、果形大、品质高、色彩艳丽、口感好的特点，第二代杏李在此基础上具有抗裂果、成熟期多样(长)、货架期长的特点。

2015年，国家林业局泡桐研究开发中心在外聘专家美国佐治亚大学张冬林教授帮助下，引进了第二代杏李4个新品种材料(详见彩插)。

2022年3月，新疆林业科学院从中国林业科学研究院经济林研究所二次引进‘Earlyapple’(‘早熟恐龙蛋’)、‘FlavorGold’(‘味金’)、‘FlavorHeart’(‘味心’)和‘BlackKat’(‘晚熟味厚’)4个二代杏李新品种。

引进的4个品种，在果实特性方面除了具备第一代杏李色泽艳丽、风味香甜可口、可溶性固形物含量高、品质优良等经济性状外，还具备丰产、抗裂果、货架期长等特性，为杏李生产提供了可供更新换代的品种。

4个品种早实性和丰产性强，栽植第3年初果，第4~5年进入盛果期，盛果期亩产达到1500~1950kg；引进杏李品种果实果个大，可溶性固形物含量达13.12%~17.08%。

第三节　杏李推广应用前景

随着我国人民生活水平和饮食水平的日渐提高，营养和健康逐渐受到人们的广泛关注。除苹果、梨、桃、葡萄等大宗水果外，人们对特色水果即果品多样化的需求日益增加。杏李，果实较大，产量高、收获期长，果实色泽鲜艳、含糖量高；果实成熟后，果皮呈紫红色、红色、红黄色或橘黄色，果肉呈红色、粉红或杏黄色，质硬、香甜，口感极佳(凌晓明等，2012)。杏李是李和杏经过多年多代杂交和回交选育而成。常见的杏李品种包括‘恐龙蛋’‘味王’‘味厚’‘味帝’‘味馨’‘风味玫瑰’‘风味皇后’‘加州天鹅绒’‘红天鹅绒’和‘黑玫瑰’等多个品种(彭文云等，2003)。

大多杂交杏李品种其果实口感、品质较接近于李，李基因占比75%，杏基因占比25%。而‘味馨’‘红天鹅绒’‘加州天鹅绒’的果

实口感、品质较接近于杏，杏基因占比 75%，李基因占比 25%。

一、在国内推广应用前景

（一）经济性状优越

美国杏李果大，早实，丰产，见效快。根据中国引种试验结果，美国杏李的单果重一般为 80~120g，最大单果重达 200g；杏李栽植的第 2 年就能挂果，第 4~5 年就可进入盛果期，盛果期长达 20 年以上；另外杏李还具有高产、稳产的优良特性，盛果期亩产可达 1.5~2t。美国杏李果实肉细、质密，硬度较大，具有较长的货架期。在常温下，杏李果实可贮藏 15~30 天，在低温条件下可贮藏 3~6 个月（李芳东，2002）。

（二）适宜性强，推广范围广

杏李果实贮藏期相对较长，病虫害发生情况较轻，适应性强，能适应山地、丘陵、沙荒等不良条件，适宜在山区、沙荒地等土壤、自然生态条件较薄弱的区域发展，对土壤酸碱度要求不严，抗干旱、寒冷的能力强，在杏和李适生区的大部分地区均可栽培（刘威生等，2019）。因此，发展特色杏李品种不仅能够满足果品多样化的需求，还有助于发展特色产业。

河南、河北、陕西、湖北、四川、云南等省份的大部分地区及甘肃、吉林、新疆等省份的部分地区，均为杏李杂交新品种的适生区域。从市场容量、经济效益和适生区域看，发展杏李杂交新品种的前景十分广阔。

（三）设施栽培增加经济效益

美国杏李设施无公害栽培面积极小，杨留成等（2007）于河南在杏李设施无公害栽培方面进行了细致的探索和实践，并取得了良好的经济效益。亓振翠（2007）于山东开展了杏李温室栽培试验，结果表明，定植第 2 年开花株率和结果株率均达 100%，平均坐果 36 个，第 3 年就进入盛果期，5 年来每棚每年的平均产值为 43775 元，经济效益较好。梁玉秋等（2007）于辽宁省开展了杏李设施栽培方面的研究，结果表明，定植第2年果实全部成熟采收，第3年亩产值分别为6642.00元、18105.60元、38524.80元，经济效益显著。

(四)政策扶持

我国各地区陆续出台了针对特色林果业的相关政策，旨在通过制定科学的产业政策，推进特色林果业发展，实现产业化、经营化模式。1994年8月，国务院批准国家“948”项目立项，旨在通过引进农业发达国家优良的农业新品种、新技术等，经消化吸收后在国内推广，提高我国农产品的档次和质量，缩短我国农业与发达国家的差距。“杏李种间杂交新品种引进”是2000年国家下达“948”项目，由中国林业科学研究院主持实施的(李芳东等，2009)。经过多年发展，河南省淅川县杏李推广面积已达3万亩，通过“政府引导、企业主导、农户参与、利益共享”的合作方式，探索“企业+基地+农户”脱贫致富新路径，打赢了脱贫攻坚战。云南省昆明市科技计划项目“美国杏李杂交新品种引种试验”在云南省多地开始大量推广。

(五)价格优势

美国杏李被认为是21世纪最具发展潜力的新品种果树(严毅等，2011)。李芳东(2006)认为，在美国市场上，杏李鲜果的价格10~12美元/kg，是普通杏、李品种市场价格的4~6倍，是苹果和柑橘市场价格的8~10倍；在国内部分杏李品种的售价可达130~140元/kg。可见美国杏李杂交新品种是世界上稀有的珍贵果品，无论是从果农的经济效益还是消费者喜好等方面来考虑，美国杏李都是21世纪发展果品的最好选择。加之我国已成为世界上最大的水果生产国，市场上高档次的水果供不应求，优质水果的比例不到10%。杏李作为一种新型果品，其系列品种的成功引进，必将对我国水果产业品种结构的调整带来深刻的影响，杏李无疑是我国近年从国外引进的最有价值的新兴果蔬之一。大力发展杏李杂交新品种，不仅可以满足国内消费者对高档水果需求快速增长的要求，而且可以明显提高我国优质果品的国际市场竞争力，大幅度增加果农

的经济效益。

二、在新疆推广应用前景

(一)自然条件优越

新疆地区光热资源丰富，降水量少，尤其是南疆地区7~8月降水量非常少，有利于生产品质优良的精品杏李果品，且干燥的气候条件下鲜有病虫害发生，避免或极大地减少了农药的使用；杏李抗旱性、抗寒性较强，果树不易冻死。2019年，新疆杏李种植面积为5万亩，产量达到5×10^4t左右。按照新疆杏李发展规划，2025年，新疆杏李种植面积将进一步扩大至15万亩，产量达到12×10^4t左右。

(二)栽培技术较为成熟

杏李在新疆各地区均有种植，且针对南北疆不同的自然条件，各学者总结出与之对应的高产栽培技术。吾买尔江·亚森等(2017)、周建会(2014)分别针对伊犁州和昌吉州地区杏李栽培情况总结出一套高产栽培技术。陈玉玲等(2022)针对南疆沙化地区提出杏李栽培标准化建园技术，对有关技术给出了可操作性的具体措施，以期为南疆干旱荒漠地区优质果品生产提供技术支撑。李卫等(2017)提出符合南疆环塔里木盆地绿洲气候、土壤条件，较为成熟的杏李苗木繁育技术。董方园等(2022)通过3年的科学观察及研究，摸清了新疆哈密市杂交杏李整个生长周期的主要病虫害发生情况，总结出无公害防治措施。

本书编写团队通过实施中央及地方的杏李相关课题20余项，进行了新疆本地的杏李引种选育推广，还从事杏李育苗技术、栽培技术、病虫害防治、杏李采收、贮藏及加工技术等相关研究，目前已获得了杏李的生物学特性、光合生理、抗寒生理、果实品质、防治裂果技术、最佳采收期等方面的研究成果，同时建立了新疆杏李标准化栽培管理技术体系及果实分级标准体系。

（三）政策扶持力度大

2022年，国家林业和草原局发布《“关于扩大新疆林果产品绿色通道政策享受范围的提案”复文》，自治区党委、政府把林果业作为特色优势产业强力推进，努力实现林果业高质量发展，取得了显著成效。全区林果种植面积、产量大幅增长，已经成为全国优质林果产品重要产区，对促进乡村振兴发挥了重要作用。因此，发展杏李产业，既能满足国内外市场对优质果品日益增长的市场需求，带动当地农民脱贫致富和乡村振兴，又可以改善干旱荒漠区生态环境，进而促进社会经济、生态环境可持续发展。杏李成熟季节新疆各地政府采取一系列助农措施，通过直播带货、线上线下等多种渠道销售，确保农民收入增长。

（四）营养价值高

杏李的营养价值丰富，其果实中可溶性固形物含量高，可达18%~20%，比同时成熟的李品种高出2%~3%，含糖量也比李、杏品种要高（杨飞等，2011）；杏李果实中均含有丰富的钾、锰、钙、锌等人体必需的微量元素；不仅含有丰富的蛋白质，而且还富含多种维生素及矿物质，特别是维生素A、维生素C及β–胡萝卜素，不含饱和脂肪酸、胆固醇，综合性状非常优良，堪称果中珍品（丁向阳等，2004）。杏李不仅可以鲜食，还可加工成果酱、果汁、果脯等，具有较高的食用价值和经济价值，因此深受果农和消费者的青睐和喜爱，具有很好的市场前景。

综上所述，虽然国内引进杏李的时间不长，但由于其自身口感佳、抗逆性较强、丰产性较好以及具有一定的价格优势，迅速在国内占据了一定的市场。然而，相比于核桃和红枣等经济林树种来说，有关杏李的科学研究还处于初期阶段，还需继续深入研究，扩大杏李推广面积，助力新疆林果业提质增效。

第二章 新疆杏李育苗技术

第一节　杏李苗圃地的规划设计

一、苗圃地的规划

苗圃地的规划应根据当地土壤、植被、地下水、气候等自然条件调查分析，并测得地形图以便规划设计。规划设计的原则是有效利用土地，在短时间达到收支平衡，长期达到稳定丰收增效。规划地一般以道路、渠道为界，将苗圃地划分为若干个区，分别安排播种区、嫁接苗区、大苗区及采穗区等。各区域面积的大小，主要取决于地形地势。平坦地区区划的面积应适当放大，有利于后期管理。

二、苗圃地的选择

苗圃地应选在地势平坦，背风向阳，土壤肥沃、深厚，交通通信方便，灌溉水源有保障，防护林健全的地块。土壤以中性的壤土或沙壤土为宜，土层厚度大于 50cm，地下水位的自然临界深度在 1.5m 以下，pH 值 7.0~8.0 为宜，土壤总盐含量在 3‰以下，无检疫性病虫害(陈玉玲等，2022)。砧木种子为野生樱桃李(又名野酸梅)、毛桃、山桃、山杏、杏等。育苗不宜重茬，应注意轮作倒茬，前茬为农作物的地块为佳，利于苗木健壮生长。

选好苗圃地后，应进行全面平整土地，每亩撒施腐熟的农家肥3000～4000kg、磷酸二铵50～80kg。为防治立枯病、根腐病等，每亩撒施25%辛磷硫微胶囊0.5kg加70%甲基托布津可湿性粉剂0.75kg，然后进行深耕，深度为30～40cm。根据育苗量的不同把育苗地作成床或垄，在新疆一般将苗圃地平整后直接进行播种育苗。

三、苗圃地道路和防护林带设计

苗圃地设计道路，依据规划的面积而定，一般可分为干道、主道、小道等。通往外地而与公路接通以供运输的干道，以能容纳两辆汽车错行为度，路面宽度一般6～8m。苗圃地内部通往各大区的主道一般4～6m。

在规划地内，道路应设在防护林带的庇荫面或半庇荫面，可以有效地减少防护林带对苗木的遮阴范围，同时又为行人起到遮阴降暑的作用。

第二节　杏李砧木苗培育

一、砧木种子选择

杏李优质砧木可提高接穗亲和性、增强树势和抵抗病虫害，生产上通常将良种嫁接在抗逆砧木上，以提高良种对逆境胁迫的忍耐性。本着适地适树和乡土树种的原则，在南疆环塔里木盆地区域，杏李砧木种子可选用抗逆性强、亲和性强的新疆野生樱桃李(*Prunus cerasifera*)、桃(*Prunus persica*)、山桃(*Prunus davidiana*)、山杏(*Prunus sibirica*)、杏(*Prunus armeniaca*)，尤其是新疆野生樱桃李表现出亲和性强、抗逆性强(抗寒冷、抗干旱、耐盐碱、耐瘠薄土壤)、经济寿命长(盛果期长)等特性。

桃、杏资源在新疆较为丰富且种源纯正。采种应选择树龄5年

以上的母树，采集发育良好、无病虫害、充分成熟的果实来取种。杏应在6~7月、毛桃在8~10月，种子充分成熟时采收，不宜过早采收。过早采收种子成熟度差，种胚发育不完全，会导致发芽率低，出苗不整齐，苗木生长不良，抗逆性弱。采集种子后，堆置阴凉地面并覆盖塑料布，待果实果肉软化至五六成后，将其倒入滚筒水冲式果肉果皮清除机中，除去果肉、杂质，淘洗后将洗净的种子置阴凉通风处充分阴干，不宜在阳光下暴晒，必须将所采的种子进行风选、筛选、去掉空瘪粒、枝叶、泥沙石等杂质，确保种子净度95%以上，发芽率90%以上。

若购买砧木种子时，所选种核应成熟度高、壳坚硬、表面鲜亮、种仁饱满、无发霉、无病虫。种子净度低、种仁不饱满和发黄空瘪时，均不可作为播种材料。

二、贮藏

贮藏室应具备通风、防治病虫和鼠害条件。贮存种子时要保持低温(-5~10℃)、低湿(空气相对湿度50%~60%)和通风。一般是将种子装入麻袋或编织袋、木箱、桶等容器中进行贮藏。

三、种子处理

秋季播种，种子在土壤中自然完成层积过程，不需要积层处理，可以直接播种，但播种前最好先将种子浸种处理，使种子充分吸水后再播种。春季播种，种子必须进行层积处理才能促进种子发芽。常用方法有如下几种：

(一)秋季播种

播种前先将种子经冷水浸种，浸种时间2~3天，浸种期间必须换水1次，至种子吸水饱和，待其沉淀除去水面漂浮起的空粒种子后，取出直接播种。

(二)春季播种

春播种子要在入冬前进行浸种、层积处理、沙藏。

1. 浸种

将种子放入容器中，倒入清水，加压重物，将漂浮的种子压入水中，浸种时间2~3天。

2. 层积处理、沙藏

野生樱桃李、桃、杏种子属于深休眠性种子，播种前要对种子进行层积处理、沙藏，时间至少为4个月(需注意野生樱桃李种子失水后播种出苗率非常低，为了提高樱桃李种子的出苗率，取种后应立即进行保湿层积处理，处理时间要在180天以上)。层积处理方法：种子先用广谱性杀菌剂消毒，通常选用多菌灵或1%高锰酸钾等溶液浸泡60~120分钟，然后用清水浸泡2~3天，再将浸种处理好的种子进行沙藏。沙藏方法：一般封冻前取体积为种子量3~4倍的湿沙拌种，湿沙为沙子用清水拌湿到以手握可成团而不滴水、一碰即散为准，拌种时必须保证种子同沙子充分拌匀，确保二者充分结合。最好拌种期间再进行一次杀菌处理，以减少沙藏种子后期发霉烂种等情况。沙藏坑需选择背阴、干燥、不易积水的地块，坑深一般在40~80cm、宽30~80cm，坑的大小依种子量而定。坑底先铺一层不含盐碱的河沙，将拌好的种子平铺下去，再在其上部铺一层湿沙，依次重复2~3次，保证层积层内保持较好的透气条件，同时需注意，每层铺盖的沙子要平铺均匀，同种子紧密结合，避免存在过大的间隙。最上层再用潮土覆盖20~30cm。沙藏期间注意检查温度、湿度，适宜温度为0~5℃，沙藏时间至少90天。

3. 催芽

春季尽早取出处理后的种子，当气温达到12~15℃时，将种子平摊在地面，上铺保湿材料(麻袋片、薄毡等)，置于阳光下暴晒催芽，每天翻动种子1~2次，待种子1/3裂口或刚露芽后即可春播。也可将种子装入麻袋，放入流水中浸泡，经5~7天捞出麻袋，使种子在强阳光下暴晒2小时左右，促使种子的缝合线开口，即可春播；种子量小时，也可将种子置于25~30℃的室温中催芽，等待7~10天至种子裂口或刚露芽吐白，再进行春播。

四、播种

（一）整地

整地包括土地平整、施肥、深耕、土壤消毒等工作。播种前整地是苗圃地土壤管理的主要措施。通过整地可以翻动苗圃地表层土壤，加深土层，熟化深层土壤，增加土壤孔隙度，促进土壤团粒结构的形成，从而增加土壤的透水性、通气性；还可以促进土壤微生物的活动，加快土壤有机质的分解，为苗木的生长提供更多的养分。

平整土地时要求因地制宜、化整为零，深耕苗圃地。在实际生产播种期间发现，育苗地为沙壤土的沙土持水力较差，种子萌发和幼芽生长的速度赶不上沙土的失水速度，由此可见，沙土地应多施有机肥料，改善土壤的物理结构。提高其持水力，才能有效地提高和保持水分含量，从而促进种子萌发和幼苗生长。对于土质瘠薄条件较差的土地，可采用种植绿肥，施用农家肥经过土壤改良和熟化后，才能利用。一般播种用的苗圃地应每亩施入腐熟有机肥 3~4t 后进行耕地，翻耕深度 30cm 进行土壤熟化，经耙平后作床，苗床面积不宜过大，一般长 10~15m，宽 2~3m。或将苗圃地平整后直接进行播种育苗。

在新疆南疆地区，实际生产中建议育苗地施肥量减少，一般播种用的苗圃地应每亩施入腐熟有机肥 1~2t 后进行深翻。因新疆在 3 月上旬至 5 月上旬气温变化较大，前期早晚温差过大后期温度骤升，在此气候条件下如施肥量过大，后期会导致幼苗烧苗等情况。

（二）播种时期

野生樱桃李、桃、杏的播种时期分为春季播种和秋季播种。播种季节的选定，取决于当地的土质状况、灌溉条件、气温等因素。

春季播种宜在土壤化冻后进行，春播种子经沙藏处理后，种子出苗率高，出苗整齐。播种时期，气温稳定在 15℃ 以上时为宜，一般阿克苏地区 3 月下旬至 4 月上旬。在塔里木盆地，春季昼夜温差较大。一般来讲，适度变温对种子萌发有利，但温差太大，出现低温，会抑制种子的萌发，危害已萌发种子的幼芽。种子萌发时期，要注意避免晚霜、冻害的出现。同时要严格监测土壤墒情，保证此时期种子正常萌芽所需的水分。可使用地膜覆盖起到增温保湿的作用。

秋季播种宜在土壤封冻前进行并灌封冻水，一般阿克苏地区在11月上旬为宜。秋播种子无须处理可省去种子沙藏的工序。翌年春天出苗早，幼苗生长健壮，但存在出苗不整齐，易受鸟兽危害等问题。

（三）播种量

播种量是指单位面积育苗地上播种的数量。播种量的原则：用最少量的种子，达到最大的产苗量。单位面积育苗地播种量的大小取决于种子的大小、纯度和计划育苗量、育苗密度。播种量每亩野生樱桃李15~20kg、山桃20~25kg、山杏25~30kg、杏40~50kg、桃50~60kg。秋播应适当加大播种量，冬季会因多种原因损耗较多的种子，应将损耗的种子计算在内。春播可使用较少的种子。具体播种量参考表2-1。

表2-1　不同砧木种子播种量

砧木	千粒重（g）	适宜层积时间（天）	春季播种量（kg/亩）	秋季播种量（kg/亩）
野生樱桃李	390	180	15~20	20~25
山桃	4200	90~110	20~25	25~30
山杏	3200	90~110	25~30	30~35
杏	2000~2500	90~110	40~50	50~60
桃	2000~2700	90~110	50~60	60~70

（四）播种方法

采用宽窄行条播，在做好的苗床上，采用人工或机械按株行距进行点播或条播，株距5~10cm，窄行25~30cm，宽行60~80cm。

新疆气候干燥，一般不建议起垄式播种育苗，春播种子播种到地里至幼苗出土，一般要经过1个月的时间，所以普遍采用平床直播，此播种育苗方式便于后期管理、嫁接等工作措施。起垄式播种育苗蒸发面积大，容易失水，垄面容易积聚盐碱，而且给苗木后期追肥、松土除草等管理措施带来不便。

需注意春播一般覆土厚度3~5cm。秋播一般覆土厚度5~8cm，秋季播种后并灌冬水，利于种子打破休眠和防止鼠害。春播使用地膜覆盖需在播种过程中做好覆土、镇压几个环节的工作，其质量的好坏及配合对苗木质量和苗木生长有直接的影响。完成以上工作后及时覆盖地膜，使用地膜覆盖能增温保湿，可提前出苗5~7天(廖康等，2011)。

五、砧木苗管理

(一)间苗和定苗

间苗即将部分苗木除掉。当幼苗长至3~5片真叶时间苗，7~8片真叶时定苗，剔除生长势弱、矮小、病株等不良幼苗(廖康等，2011)。定苗株距8~12cm留一株壮苗；每亩留苗量0.8万~1.0万株，最后成苗每亩6000~8000株。

(二)灌水、中耕除草

幼苗出土后，要加强土壤管理工作，及时灌水松土；秋播的种子，翌年春季土壤解冻后(约在3月中下旬)，适时观察土壤墒情，只要土壤不缺水，定苗前不灌水或根据墒情少灌水，进行蹲苗。定苗后苗木生长初期，需浇水催苗。灌水根据育苗地实际灌溉措施进行。如采用滴灌方式，苗木生长初期可根据墒情随时进行浇灌。如采用漫灌方式，苗木生长初期需苗木长至20~25cm时方可进行，同时，漫灌需注意根据实际育苗地的土质情况来控制水量，防止育苗地积水，确保育苗地灌水在12~24小时内渗完未见明水即可，避免苗木出现烂根等问题。育苗地出现积水应及时进行排水等措施。当苗木进入速生期要及时满足水分需求，10~15天灌水1次，苗木硬化期20～30天灌水1次，后期应控制水分，根据不同的土壤类型，一般在阿克苏地区应在8～9月上旬控水，促进苗木木质化。具体灌水量和灌水次数根据播种苗生长发育规律和当地的气候、土质、墒情来确定。11月上旬灌溉冬水。

灌水后及时根据土壤墒情和行间杂草生长情况进行苗圃地的中耕除草。无论是秋播还是春播的种子，幼苗出土前都要细致地松土保墒，此时中耕可保持表层土壤疏松，减少土壤水分的蒸发，促进土壤空气流通和微生物的活动，提高土壤中有效养分的利用率，促进苗木生长。除草是为了减少杂草与幼苗争肥、争水，影响苗木的正常生长。除草可采用人工除草、机械除草和化学除草等方法。如使用化学除草剂，一定要谨慎阅读使用说明或经专业技术人员指导。

(三)追肥

采用漫灌方式的育苗地，每年追施化肥3次，第1次在5月中下旬定苗后，苗木生长前期以氮肥为主，每亩追施尿素10～20kg，满足快速生长的需要。第2次在6月上中旬，苗木速生期以氮磷肥为主，每亩追施20～30kg(尿素、磷酸二铵各半)。第3次在6月下旬至7月上旬，苗木硬化期以磷钾肥为主，每亩追施磷钾肥15～20kg，促进苗木木质化。土壤追施肥时在苗行开沟，撒施沟内，埋土后进行灌水。同时可采用叶面喷肥法，将0.3%尿素和0.3%磷酸二氢钾及中微量元素液态肥喷施在苗木的茎叶上。

采用滴灌方式的育苗地，苗木生长至15cm以上时开始水肥一体化追肥，即结合每次滴灌水每亩追肥3～5kg。苗木生长期(6月上中旬前)以氮肥为主，苗木速生期(7月15日前)以氮磷肥为主。

(四)掐头、抹芽

为保证砧木苗嫁接粗度要求，当苗木生长至80～100cm时，掐头并抹去基部10cm内的嫩枝和叶芽，以保证嫁接根茎处粗度(直径)达到0.6cm以上，嫁接部位光滑。

第三节 杏李采穗圃的建立和管理

一、圃地的选择、采穗株的栽植和管理

采穗圃是繁殖优质接穗的繁殖圃，对良种化和规范化建园有重要影响。采穗圃应选建在气候温暖、土壤肥沃、灌溉条件良好、交通便利和邻近杏李园的地点。

采穗圃以生产品种纯正、枝芽健壮、无病虫害的优质接穗为目的。建圃前必须细致整地，施足基肥。采穗用品种必须来源准确可靠，如用几个品种建圃，应按设计图分品种排列定植，栽后绘制定植图存档。树形可采用开心形或自然形。要求行向光照良好，植株生长健壮。

生长期注意肥水管理，防治病虫害，夏季修剪，调控长势。每年采穗 1 次为宜，采穗 2 次以上将削弱树势和枝势，降低枝芽质量。

二、采穗圃的建立和管理

(一)圃地的土壤整理

沙壤或中壤土，土层厚度>100cm，肥力较高，pH 值中性或微碱性，灌溉条件良好。按规划行向挖深 80cm、宽 80cm 的栽植沟，表土与心土分开放置，施腐熟的农家肥 2000～3000kg、磷酸二铵 50～60kg、尿素 8～10kg，与表土充分混合后填入栽植沟内，覆土距地面 15～20cm 即可，然后灌透水待栽种。

(二)品种选择和栽植密度

所选品种为省级以上林木品种审定委员会审(认)定、适于当地发展的纯正优良品种或品系。采穗品种苗木应接口愈合良好、根系发达、无病虫害和机械损伤，苗木选择高度>80cm、地径>1.0cm 的嫁接苗Ⅱ级标准以上苗木。采穗圃的定植株距为 1.0～1.5m，行距为1.5~2.0m。

(三)苗木定植前处理和苗木栽植

剪除伤根、烂根和过长的主侧根后，用ABT6号生根粉1g加水20~33kg的溶液蘸根30秒。应用“三埋两踩一提苗”方式栽植，填土埋深至苗木根颈部原来的土痕处即可。定植后及时灌足水，表土略干后扶直苗木、培土后再灌水1次。苗木成活率为98.0%，翌年幼树保存率为95.0%(廖康等，2011)。

(四)采穗圃管理

采用漫灌方式每年灌水4~6次；采用滴灌方式相隔7~12天滴灌水1次。春季和夏季增施肥水，秋季控肥控水。于8月中下旬开始控水，11月上旬冬灌(以土壤上冻为准)。

采穗圃每年剪取大量种条，养分消耗过多，土壤肥力降低，应通过合理施肥来改善苗木的营养条件，提高种条的产量和质量。

保持圃内无杂草，土壤疏松。除草松土可改良土壤，提高地温，减少水分蒸发，消灭杂草，增加土壤的通透性，减少病虫害的发生，促进苗木生长。

采穗树形采用开心形、自然形整形，留橛式修剪。每株选留3~5个骨干枝，其余疏除。定植后2~3年春季萌芽前，每主枝留2~3个芽重剪，促发壮枝。留条数量直接关系到种条产量和质量。留条过多，由于养分不足，光照条件差，种条生长细弱，达不到穗条要求标准。留条过少，产条量少，而且由于养分集中，种条长得过粗，又易生长侧枝，降低种条质量，消耗营养物质。一般情况下，1年生留2~5根，2年生留5~10根，3年生以上留10~15根。

更新复壮。采穗圃由于连年采条，树龄老化，长势衰退，影响种条的产量和质量。为恢复其生长势，则需要更新。一般情况下，7年左右更新。更新方法：可在初冬或春季萌芽前进行平茬，使其在根基部重新萌发形成根桩，再生产种条，也可以重新栽植。有时要另选圃地，重新建立采穗圃。

（五）接穗采集

1. 芽接用接穗

5 月中下旬对枝条长度达 50cm 以上的新梢施行摘心，5 天后留基部 2~3 个芽剪取接穗，供 5 月下旬至 6 月上旬芽接使用。

对 5 月中下旬剪留 2~3 个芽抽生的 30~50cm 新梢摘心，5 天后再留 2~3 个芽剪取接穗，供 6 月中下旬芽接使用。

6 月上旬剪留 2~3 个芽后又萌生 1~2 个枝，长度达 30~50cm 时摘心，5 天后剪取接穗，用于未成活株补接或 8~9 月"贴芽接"。

2. 枝接用接穗

宜在落叶后至翌春 2 月采集。在春季采易抽条失水，冻害地区应在落叶后 11~12 月采集。接穗选生长健壮、芽体饱满、无病虫害、木质化程度高、直径 0.8~1.5cm 的 1 年生发育枝。剪取的穗条留 2~3 个芽剪成接穗，两端剪口蜡封，按品种捆成捆并挂标签，湿沙冷藏或恒温储藏备用。

（六）建立档案

档案内容包括建圃时间、面积、品种、密度、定植图、种植数量、苗木来源、管理计划、管理技术、工作总结等。

第四节　杏李嫁接技术

一、接穗的选择

用于嫁接的接穗应选品种纯正、生长健壮、无病虫害、优质丰产的母树做采穗树。芽接接穗应从已木质化的当年生枝上采集；枝接接穗应选生长健壮的 1 年生枝条做接穗。

二、穗条的采集、处理及贮运

夏季芽接接穗随采随用，剪去叶片，留下叶柄，做好标记用湿毛巾包好备用。如需长时间保存或长途运输，接穗应置于温度较低湿度较大的水井、地窖或冷库中贮存，用保温箱或冷链车运输。

春季枝接接穗应于落叶后、枝条进入休眠期至萌芽前可结合冬季修剪采集接穗，为延长休眠及保存期提高嫁接成活率，长途运输。做两头蘸蜡或整体封蜡处理，处理过的接穗按 25～50 根一捆，做好标记，沙藏保存；贮藏温度保持在-2～2℃。温度过高(高于6℃)接穗芽苞会打破休眠萌动，温度过低(低于-4℃)接穗芽苞会发生冻害。

蜡封的方法是，将石蜡放入容器(铝锅、烧杯等)内。在容器底部可先加少量水，然后加热，使蜡液化并保持在 90～100℃温度范围内。蜡封时，将剪成段的接穗浸入蜡液中快速蘸一下，甩掉表面多余的蜡液。使整个接穗表面均匀附着一层薄而透明的蜡膜。如果蜡层发白掉块，说明蜡液温度过低。为保证蜡液温度适当，可在容器内插入一个温度计，以随时观察温度的变化。当温度超过 100℃时，应及时将容器撤离热源或关掉电源。

接穗保存过程中，要注意定期检测温湿度，确保接穗质量防止霉变。

三、嫁接

(一)芽接

以带木质部芽接(“T”字形芽接、嵌芽接)成活率最高，嫁接时间最长，春、夏、秋季皆可进行。因为芽基部突出，不带木质部芽接易造成“空心芽”，不易成活。

嫁接时间在春季(3 月 10 日至 4 月 25 日)、夏季(6 月上旬至 7 月上旬)和秋季(8 月 20 日至 9 月 20 日)。苗圃宜采用芽接更为高效。因芽接接穗利用率高、可降低嫁接成本，嫁接速度快、缩短嫁接时间、提高成活率。嫁接高度距离地面根茎处 5～10cm，最佳的砧木粗度(直径)为 0.8～1cm。

芽接时，先在砧苗上切“丁”字形口或削去芽片大小的韧皮，然后在接穗上削取芽片(稍带一点木质部)，将芽片插入“丁”字形皮

层内，或将芽片贴嵌在相对应的削去韧皮的木质部上，用嫁接薄膜立即绑扎嫁接部位，露出叶柄芽。

(二)枝接

当春季气温稳定在12℃时可枝接。常用方法有劈接、切接、舌接等，通常在大苗或幼树上进行(砧木粗度0.8~2cm)。嫁接时根据需要锯去预嫁接部位以上部分(锯口要平，否则应用嫁接刀加以修整)，用木扦插入砧木木质部与皮层间，轻轻向下移动3cm左右取出，使木质部与皮层有一个缝隙；然后剪取有2~3个芽的接穗，基部削成光滑的马耳形，前端微削韧皮部，将接穗插进皮缝内，一般插一个接穗，要插在迎风面。插后用塑料布包裹接口和穗条，防止穗条和接口失水。穗芽萌动后，扎顶放开，待新枝强壮，愈合组织老化时松绑。

四、嫁接后管理

(一)检查成活和补接

枝接一般20天可检查成活率，接穗上的芽萌发生长、芽体呈新鲜饱满为成活，未成活则接穗芽体干枯或变黑腐烂。不同砧木嫁接亲和力及表现见表2-2。芽接的苗木一周后检查成活，接芽叶柄轻触即脱落为成活。未成活则芽片干枯变黑。

嫁接未成活的苗木应在嫁接部位其上或其下错位及时进行补接。

表2-2　不同砧木嫁接亲和力及表现

砧木	亲和力	愈合情况	植株生长表现
野生樱桃李	强	愈合好	砧穗生长一致、植株生长旺盛
山桃	中	愈合较好	砧穗生长一致、长势正常
山杏	中	愈合较好	砧穗生长不一致、部分接口部位易折断
杏	中	愈合较好	砧穗生长一致、长势正常
桃	强	愈合好	砧穗生长一致、植株生长旺盛

(二)解除绑缚物

绑缚膜过紧及时松绑或解绑，避免接穗芽体发育和生长。枝接新芽长至20~30cm，嫁接口完全愈合时，即可解绑。芽接一般在1个月后解绑，解绑过早接口处易失水风干，过晚易造成缢痕不利于芽体生长。

(三)除萌、立支柱

春季、夏季芽接苗木在萌芽前及时剪砧，促使其接芽萌发。秋季贴芽接的苗木不剪砧，于翌春砧木萌芽前在接口0.5~1.0cm处剪砧。注意剪口要平整，以利于接口愈合促进接穗的生长；枝接成活和芽接剪砧后，砧木上会萌发许多蘖芽须及时抹除，将养分集中供给接穗新梢生长(廖康等，2011)。

接芽萌发新梢生长迅速，枝嫩复叶多，易遭风折。故在新梢长到30cm时，紧贴砧木立一木棍，将绳子同新梢和支棍扎绑，以起到固定新梢防止风折的作用。

(四)肥水管理

嫁接前，应提前2~7天浇1次水，根据土壤墒情，嫁接后10天左右浇1次水。嫁接苗新梢长至10~15cm时开始追肥，漫灌方式追肥1~2次，第1次每亩30kg(磷酸二铵20kg、尿素10kg)，第2次6月中下旬至7月初以前，参照砧木管理中追肥方法施行。每次追肥后及时浇水，中耕除草，松土保墒；采用滴灌水肥一体化追肥，结合每次滴灌水每亩追肥3~5kg(磷酸一铵、尿素各半)。结合喷药叶面喷施0.3%磷酸二氢钾、0.3%尿素水溶液。7月中下旬控肥(停止追肥，尤其是氮肥)，8月中下旬开始控水。

第五节　杏李苗木分级与出圃

一、苗木调查

苗木出圃前，一般要进行苗木调查。调查的方法一般采用计数

统计法、标准行法、样地法调查苗木数量、质量。

二、起苗

苗木在土壤封冻前或翌春土壤解冻后出圃。起苗前浇1次水保证土壤湿润，苗木含水量充足，保证根系完好。

三、苗木分级

参照《辽宁省李苗木繁育技术规程地方标准》(DB21/T 3739—2023)(孙海龙等，2023)；苗木质量要求应符合表2-3的规定。

表2-3　李苗木等级规格

项目			等级	
			一级	二级
基本要求			品种和砧木类型纯正，无检疫对象和严重病虫害，无冻害和明显的损伤，侧根分布均匀、舒展、须根多，接合部和砧桩剪口愈合良好，根和茎无干缩皱皮	
侧根			$D \geq 0.5$cm、$L \geq 20$cm	$D \geq 0.3$cm、$L \geq 15$cm
侧根数量(条)	砧木	毛桃或山桃	≥5条	≥4条
		小黄李	≥5条	≥4条
		毛樱桃	≥4条	≥3条
根砧长度(cm)			5~10	
苗木高度(cm)			≥100	≥80
苗木粗度(cm)			≥1.0	≥0.8
倾斜度			≤15°	
整形带内饱满芽数(个)			≥8	≥6

注：D指粗度；L指长度。苗木高度在同一批苗木中变幅不超过20cm。

四、苗木质量检验、检疫与消毒

苗木及其包装物检疫要求应按照国家有关规定执行。

①苗木成批检验。

②苗木检验允许范围，同一批苗木中低于该等级的苗木数量不得超过 5%。质量精度≥95%、数量精度≥95%。

对输出输入苗木进行检疫，是为了防止危险性病虫害传播蔓延，将病虫害限制在最小范围内。带有“检疫对象”的苗木，不能出圃；病虫害严重的苗木应烧毁；即使属非检疫对象的病虫也应防止传播。因此苗木出圃前，需进行严格的消毒，以控制病虫害的蔓延传播。常用的苗木消毒化学药剂有石硫合剂、波尔多液、硫酸铜等。

③检疫结束后，填写苗木质量检疫合格证书。

五、苗木假植、包装、运输

达到出圃规格的 2 年生苗，要进行起苗移栽。出圃苗在起苗前必须进行修剪，留上部不同方向的壮枝 3～4 个短截，长度 120cm，其他枝全部剪除。起苗根系深度不小于 30cm。春季起苗后，不能及时栽植时，要选背风干燥处挖沟假植，将苗木根部埋入湿润沙土中。临时假植时间不能过长，一般不超过 5～10 天；秋季起苗后，当年不能栽植的，需进行越冬假植，将苗木散开全部埋入湿沙中，及时检查温度、湿度防止霉烂。外运苗木，根系要蘸泥浆，并进行包装，每 25 株或 50 株一捆，挂上标签。注明品种、数量、等级、出圃日期、产地、经手人等。远途运输，应遮盖、中途洒水保湿，到达目的地后，要及时接收，尽快定植或假植。

第三章 新疆杏李优质、高效、丰产栽培技术

第一节 杏李丰产栽培建园模式

一、壤土建园技术

(一)园地选择

选择交通便利、地势平缓、土壤及地下水没有污染、灌溉条件良好的地方建园。气候条件选择极端气温≤-22℃，开花期(4月上中旬)日平均气温稳定在≥15℃，年积温≥3500℃，全年日照时数≥2500小时，全年无霜期≥165天的区域。选择土层深厚、肥沃，通透性良好的沙壤土或壤土，种植带土层厚度>1m，土壤pH值≤8.6，含盐总量≤0.3%，地下水位>1.5m。对于戈壁沙砾或沙石混合土质，需进行种植带换土。对于地下水位高的中度盐渍化土壤，需开挖排盐碱系统。同时，避免在低洼地建园。

(二)园区规划

标准化建园包括管理区和生产区。管理区位于整个园区交通最便利的位置，包括办公场所、库房等；生产区根据果园规模、地形、地势等因素划分成若干小区(条田)，一般小区(条田)面积150~300亩。小区(条田)以长方形为宜，应根据地形、地势、风向

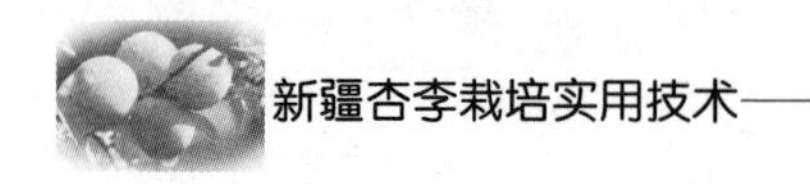

等因素而定。

小区(条田)之间由主路、支路连接，主路一般宽6m，用沙石铺垫；支路为小区(条田)的分界线，一般宽4m，用沙石铺垫；小区(条田)地头要留农机道路，路宽以果园配置的农机可以安全掉头为准。为了便于机械化作业，道路占整个园区面积的4%左右。

园区四周防护林带与园区果树的规划、种植同期实施。一般主防护林带配置4~6行，主风向林带加宽为8~12行；主防护林带距离园区保持10~15m，林带同园区间的空地，可以布设主路、机械作业道、灌溉渠系、种植绿肥、避鼠兔植物、病虫害监测预警指示植物及其他矮秆作物。小区(条田)防护林带在主路和支路两侧布局，一般配置2~4行。新疆防护林面积占园区总面积的8%~12%。

(三)建园技术

1. 整地

建园前全面整地，进行土壤深翻撒施腐熟农家肥，耕翻30~35cm后耙平。栽植行向一般为南北方向，即南北向开沟栽植，以利于树体通风采光。

2. 栽植模式

乔化果园栽培模式，株行距采用3~4m×5~6m，每公顷420~675株(每亩28~45株)。多主枝开心形、小冠疏层形和疏散分层形。

乔化密植省力化栽培模式，宽行密植便于机械化作业，树形结构简化、整形修剪“傻瓜式”，结果早、产量高、见效快，易实现省力化和标准化。株行距2~2.5m×4.5~5m，每公顷1005~1110株(每亩67~74株)，适宜主干纺锤树形。

3. 授粉树配置

由于杏李品种的自花结实率较低，为达到丰产目的，根据各品种的生物学特性，需要合理配置授粉品种，配置授粉树时应注意花期相近和授粉亲和性高的品种，主栽品种与授粉品种实行行间配置，主栽、授粉品种配置比例4∶1。‘恐龙蛋’‘味帝’‘味王’‘风

味皇后’‘味厚’‘风味玫瑰’可以互为授粉树。

4. 苗木定植

(1)苗木准备

杏李选择可参考苗木质量分级指标表，做好苗木质量检验、检疫与消毒。远距离运输时需使用冷链运输，温度控制在0~2℃之间，空气相对湿度98%以上，并分品种挂牌标记。无法用冷链运输时，需采用保湿包装运输措施。短时间未栽完的苗木，需放置在冷库中低温保湿保存，温度控制在0~2℃，空气相对湿度98%以上。

苗木定植一定要在芽萌动前进行，定植前应提前浸泡根系8~12小时，根据需要可选择加入生根剂。苗木在清水中浸泡后，将苗木根系长度修剪为20cm左右。然后根系蘸泥浆，在坑内用偏黏性的土加水搅拌至稀泥浆状，然后将苗木根系浸入泥浆中，使根系全部蘸上泥浆。将处理好的苗木按照品种分别标记。

(2)栽植时间

春季栽植，在土壤解冻后芽萌动前和萌动时(3月中下旬或地温稳定在8℃以上)进行；秋季栽植，在苗木落叶后至土壤封冻前(11月上中旬)进行，秋季栽植苗木必须加强越冬保护措施。

(3)苗木栽植

按照规划设计株行距，南北向开沟，一般沟宽80cm，沟深20~30cm，标定栽植点后，在沟中间挖穴，规格为80cm×80cm×80cm，将腐熟的农家肥10~15kg和土混合放入穴内，填土15cm以上隔离苗木根系与农家肥。定植前将栽植沟(或者栽植穴)少量灌水，保持土壤湿润利于苗木成活。将杏李苗放到穴内，舒展根系，应用“三埋两踩一提苗”方式栽植，栽植深度不得超过嫁接口部位。苗木定植好后立即给园地浇定根水，待水分充分渗下、表土干后，进行扶苗并对栽植穴进行一次覆土。

(4)提高苗木成活率技术措施

果树苗木套保湿袋是提高苗木栽植成活率的实用技术。首先将苗木定干为80cm高度，然后套保湿袋，当苗木新叶生长至1.5cm

大小时，在19：00～20：00撤去保湿袋，可使苗木成活率提高到95%以上，可有效解决新疆干旱区移植苗木成活率低、缓苗期长、存在大量僵苗、林相不整齐的难题，也减轻新建果园补植耗人耗力耗资的问题。

(四)果园灌溉管理

1. 灌溉方式

目前新疆杏李园灌溉多采用漫灌、沟灌或者滴灌。漫灌简单易行，是目前杏李果园采用的主要灌溉方式之一。但是漫灌耗水量大，灌水后土壤易板结。建议精品优质果园仅于冬灌时采用此法，一次灌透，使土壤蓄积充足的水分。沟灌是在栽植行挖深20～30cm的浅沟，顺沟灌水。有条件的杏李园优选滴灌，滴灌采用管道输水，可减少水分蒸发，并且灌溉均匀，可节约用水50%～70%，在透水性强、保水能力差的土地上节水效果更为明显。同时滴灌可实现水肥一体化和机械化操作管理，降低灌水、追肥的劳动强度，也可有效控制杂草生长，从而节省劳动力。

2. 灌水

应在萌芽前、抽枝、果实发育、花芽分化、果实成熟前硬核期和土壤封冻前各浇水1次；根据土壤类型及墒情在果实采收前20～30天停止浇水(防止落果和裂果)。根据土壤水分状况及时进行灌水，漫灌每年灌水4～5次，灌水量800～1000m^3；沟灌每年灌水7～10次，灌水量600m^3；滴灌每年灌水18～22次，灌水量360～440m^3。

3. 节水保墒技术措施

果树沟铺设黑塑料布是新疆干旱区节水保墒的简约有效的实用技术措施。保湿袋套好后，用黑塑料布(宽约1m、厚度3个丝)覆盖栽植沟，黑塑料布上再覆盖3～5cm细土压实，然后再浇水1次。此项技术节水保墒可达49%，防除杂草节省劳力，促进果树快速生长，提高果园产量，提升果实品质，还可以防止土壤次生盐渍化。

4. 控水、安全越冬

8月中下旬开始控制灌水，10月底至11月初灌溉冬水。

(五)果园土壤管理

1. 施肥

(1)基肥

以有机肥为主，可适当加入磷钾肥。果实采收后至落叶前施入，盛果期果园每年每亩施腐熟基肥4~5t；采用环状沟施、条状沟施、放射状沟施方法施入，开挖深50~60cm、宽30~40cm的沟或槽施入。

(2)追肥

漫灌方式每年追肥2次。每公顷每次施氮磷钾肥300~450kg(每亩20~30kg)，萌芽前以氮肥为主(氮含量占70%)；硬核期(5月下旬至6月上中旬)以磷钾肥为主(磷钾含量占70%)。长势偏弱的果园可适当加大施肥量。施肥方式可沟施(开沟深度15~20cm)或冲施，每次追肥后及时浇水，中耕除草，松土保墒。

滴灌方式采用肥水膜一体化供应肥水，“少量多次”提高肥料利用率，最大限度地实现自动化和省力化。结合每次滴灌水每亩追肥3~5kg，7月中下旬控肥(停止追肥，尤其是氮肥)。不同生长季节使用肥料种类参照以上氮磷钾肥比例。

(3)叶面追肥

在果实膨大期(4月下旬至5月下旬)、硬核期、果实采收后，分别喷施叶面肥0.3%尿素水溶液加0.3%磷酸二氢钾水溶液2~3次。

2. 行间生草

在果树行间种植绿肥已成为增强林果业发展后劲的一项有效措施。新疆戈壁、沙漠土质种植杏李园，6~8月地表高温达50℃，最高温度可达59℃，果园生草对杏李树正常生长、果园产量及果实品质的重要作用无可比拟。果园生草可以改善果园微环境、培肥地力、防止土壤次生盐渍化、提高果品质量和商品率、增加果园前期经济收入。果园生草可以选择间作低秆且不与果树争水争肥的作物，如西甜瓜、红薯、南瓜等，改善果园微环境、增加果园前期经济收入；如果果园土质、水源较好，可以选择种植一年绿肥，如油菜、油葵等，在其营养生长旺期翻压到土壤中，迅速增加土壤有机质含量，从而增加土壤的团粒结构，达到保水保肥的效果，其产量可与同等数量的商品有机肥、农家肥相媲美；如果果园属于戈壁、沙漠等困难立地，可以选择种植草木樨牧草喂养牲畜、苦豆子翻压绿肥等。

果园生草种植区域与杏李行间距1m，作为隔离带，利于果树通风透光，减少病虫害。绿肥的种植一般在春季土壤化冻后进行，播种量依绿肥品种而定，可采用撒播或条播。油菜一年可种植两茬，第1茬一般在2月下旬顶凌播种，第2茬在6月中旬种植。常规播种油菜亩均1~1.5kg，播种后一般灌溉一次，以促进种子萌发。由于不追求经济产量，绿肥的水肥管理较为粗放，一般灌水2~3次即可。有条件的地方还可施10~20kg磷酸二铵。

绿肥一般在开花期营养最丰富，太早虽然木质化程度低腐解容易，但生物量不高，太晚则木质化程度高，不易腐解，且结果后容易复发。当开花达整株2/3时，豆科作物可只收割地上部分，也可直接粉碎翻压；非豆科绿肥可直接粉碎翻压。

3. 中耕除草

清耕果园土壤管理，一般在生长季灌水后中耕3~5次，春耕在杂草发芽后进行，秋耕在落叶前到封冻前进行，深度10~15cm。

（六）整形修剪

1. 树形培养

杏李树形可采用多主枝开心形、疏散分层形和自由纺锤树形。杏李生长势强，幼树修剪应以轻剪缓放、疏枝为主，综合应用拿枝、扭枝、拉枝、开角、抹芽、摘心等措施，生长季节修剪应注意疏除内膛过旺枝，秋季拉枝开角，冬季修剪疏除重叠枝、过密枝及病虫枝，对主枝延长枝截留50~60cm，有空间的枝条拉平缓放，促进花芽分化，其他枝以疏为主，一般不短截。幼树结果初期，单株留果量80~120个，盛果期单株留果500~800个。

多主枝开心形：树高3.5m左右，主干高50cm，在50~80cm处东、南、西、北均匀选留4个主枝，呈开心形，每个主枝长度控制在2.8m以内。主枝上保留短、中、长结果枝20~30个。

疏散分层形：树高3.5m左右，主干高50cm，第1层3个主枝，枝间距30~40cm，第1层与第2层层间距60~80cm，第2层2个主枝，枝间距40~50cm，3.5m以上落头开心。

自由纺锤树形：主干高60cm左右，树高3.2~3.5m，冠径2.0~2.5m。在中心干上直接着生结果枝(组)，结果枝(组)呈螺旋排列。前期中心干着生30个左右结果枝(组)，成形后保留18~24个结果枝(组)，枝组单轴延伸，枝组基角70°~80°，腰、梢角80°~90°，中下部枝长度控制在1.0~1.5m以内，上部枝条长度渐短。枝组粗度与中心干粗度比应小于1∶5。

修剪原则：以长放、疏枝、拉枝为主，去大留小，单轴延伸。主要利用中心干自然萌发的枝结果。幼龄树以疏剪为主，不短截少回缩。以夏季修剪为核心，杏李树是喜光果树，干性弱，萌芽力和发枝力都很强，萌发的侧枝要及时拉枝至水平或微下垂状态，利于培养强健的中心干。盛果期树疏剪为主，缩放结合，更新枝组，去大留小。

2. 修剪原则

枝条长放，尽量保留多的枝条分散树体营养，通过拉枝等措施促进成花，提高前期产量；疏除为主，对于多余的直立枝或过于粗壮、影响树体结构的枝条，应该直接疏除；单轴延伸，所有小枝通过扭枝或疏除背上枝、保留侧枝保持单轴延伸。

3. 幼树整形

(1)多主枝开心形

栽植后定干高度为80cm，主干50cm以下枝条全部剪除，50~80cm为整形带，在50~80cm处东、南、西、北均匀选留4个主枝，呈开心形。生长期主枝枝条长至50~60cm时摘心，摘心后顶端长出2个或3个新梢，新梢长至5~8cm时，保留1个向外生长的新梢，其余的剪去，待新梢再长至50~60cm时再次摘心。直接在主枝上培养长、中、短结果枝，结果枝连续结果2~3年后更新，留1~2cm短截。疏除主枝上的强旺枝和徒长枝。7月中旬至8月底以前，主枝拉枝角度基角50°~60°、腰角70°~80°。在主枝长至2.8~3.0m时，选留一个向外生长的细弱枝处剪去向上生长的主头枝，采用此方法每年换头，控制顶端优势。

(2)疏散分层形

栽植后定干高度为80cm，剪口下留5~8个饱满芽，当年主枝留长度50~60cm，侧枝20~30cm，逐年选留各层主枝和侧枝，主侧枝以外的枝条作为辅养枝，采取短截或长放，逐年培养成结果枝组。

(3)自由纺锤树形

栽后第1年，定干80cm，为促进顶芽快速生长，突出中心领导干的优势，控制剪口下的竞争枝，上部新梢过强时，用夏季摘心或短截方法控制其生长；距地面60cm以内的芽不再进行刻芽或其他处理；侧枝长20~30cm时，用牙签开张角度70°~80°，侧枝长30~50cm时，拉枝至水平或微下垂状态。

第2年在芽萌动时，对成形树(树高到2m以上，结果枝8个以上且枝干比合适)可以结果，但中心干上部80cm不留果；达不到要求的树清干，将中心干上所有侧枝马蹄形全部剪除，离地面80cm以上空挡处刻芽或者涂抹抽枝宝促发侧枝；5月下旬至6月上旬，对中央领导干剪口下萌发的个别强旺新梢，除第1个新梢外，留15cm左右短截，促发分枝，分散长势；侧枝长30~50cm时，拉枝至水平或微下垂状态。

第3年，对成形树(树高达到3.0m以上，结果枝18个以上且枝干比合适)可以结果。在5月选择有分枝处落头，将顶部分枝拉平或微下垂；对树高达不到要求的，结果枝不足的树，芽萌动时继续清干、抹芽、刻芽，其余枝拉平，促其成花。结果枝背上、两侧萌发的新梢，通过摘心、扭梢、捋枝等方式，培养结果枝。第三四

年整形基本完成。

4. 夏季修剪

一般夏季修剪主要进行拉枝、开角、扭枝、抹芽、摘心等措施，疏除过密枝、主枝上的强旺枝和徒长枝等。

(1)抹芽

及时抹去距地面50~60cm以内的萌芽。

(2)主枝摘心

春季萌发的枝条长到50~60cm时，选东、南、西、北4个方位上下间隔合适的新枝作主枝，在50~60cm处摘心，促发侧枝(培育结果枝)。

(3)拉枝

7月中旬至8月底前拉枝促果，拉枝角度主枝基角50°~60°，腰角70°~80°。水肥条件好角度可大一些，反之小些；长势旺难成花的品种角度可大些，长势中庸易成花的品种角度可小些。新梢长到70cm还未停长时，应摘心去叶，去除顶部10cm内的嫩叶。其他有空间的枝条可作为辅养性枝拉平，以抑制生长，促其形成花芽，以利早结果。

(4)疏除

盛果期，结果枝组过密时适当疏剪，去弱留强，去小留大，去直立留平斜。为控制结果部位上移外移，各类枝组的回缩修剪要交替进行。内膛选留预备枝，有空间的枝条可进行扭枝，使其转化为结果枝。

(5)枝组更新

当树冠上部和外围结果枝组开始干枯，产量显著下降，主枝和侧枝上的隐芽萌生徒长枝时，应进行更新修剪。进行骨干枝的回缩修剪，使其能够复壮，利用新萌发的枝条，更新恢复枝组。

5. 初果期及盛果期树的修剪

初果期和盛果期，短果枝组大量形成，各级枝的延长枝适当进行短截，促进结果枝生长。盛果期，树冠密布，此时延长枝全部长放，促使顶端大部形成结果枝。结果枝组过密时适当疏剪，去弱留强，去小留大，去直立留平斜。为控制结果部位上移外移，各类枝组的回缩修剪要交替进行，使枝组交替结果。内膛选留预备枝，使其转化为结果枝。

6. 衰老树的更新修剪

当树冠上部和外围结果枝组开始干枯，产量显著下降，主枝和侧枝上的隐芽萌生徒长枝时，说明树已衰老，此时应进行更新修剪。根据树的衰老程度，进行骨干枝的回缩修剪，使其能够复壮，充分利用徒长枝和新萌发的枝条，更新恢复树冠。

7. 修剪注意事项

冬剪时应根据杏李树因品种和单株间生长情况的差异进行修剪。对大枝进行修剪时，注意伤口保护，需在伤口处涂抹保护剂。杏李幼树期和初果期，延长枝短截不宜过重。幼树 1~2 年内应采取适当短截的办法，促生分枝，增加枝量，使其迅速成形。夏剪时应注意对竞争枝处理，如摘心、抹梢或拉枝。

(七)防护林营造

防护林带主要起到防止干热风、风沙、倒春寒的侵袭危害及调节小气候的作用。新疆地处欧亚大陆腹地，远离海洋，三山夹两盆的地理格局形成了我国最大的干旱区，两大沙漠广布的沙源在大气环流作用下不断侵蚀绿洲，生态环境极为脆弱，防护林建设在保障果园连年丰产稳产、可持续健康发展中具有至关重要的作用。

适地适树营造高档景观防护林兼用材林，既能起到防护作用又能产生较高的经济价值，解决现今树种单一、病虫害危害泛滥、防护林效益低下等技术瓶颈，引领防护林由传统生态型向经济生态型转化，从而提高防护林的防护功能及经济价值，促进农民营造管护防护林的积极性，尽快使新疆各绿洲防护林林分的优化，防护林更新步入良性循环，显著提升生态经济效益。久久为功，使新疆成为高档用材林培育基地，木材及高档家具生产销售集散地。

新疆区域广阔、气候环境差异大，树种选择不科学，既影响成

活率，又使林地养护成本高，极易造成“小老头树”，造成恶性循环。根据土壤、水源等立地条件，在适地适树前提下，选择抗逆性强、具有较高经济价值、速生且寿命长、景观效果佳、养护管理省力化的树种。立地条件较好的土地，乔木可选用黑核桃、水曲柳、银新杨、新疆杨等；土壤贫瘠(沙漠、戈壁、荒漠等)、盐碱化中等、干旱水源紧张等困难立地，可选用密胡杨、胡杨、速生刺槐等；亚乔木可选用大果沙枣、丝棉木、乔化沙棘、文冠果等，灌木可选用接骨木、紫穗槐、柽柳、金叶接骨木、四季玫瑰、大果蔷薇等。

园区四周防护林带与园区果树的规划、种植同期实施，新疆防护林面积占园区总面积的8%~12%。一般主防护林带配置4~6行，主风向林带加宽为8~12行；主防护林带距离园区保持10~15m，林带同园区间的空地，可以布设主路、机械作业道、灌溉渠系、种植绿肥、避鼠兔植物、病虫害监测预警指示植物及其他矮秆作物。内部防护林带在主路和支路两侧布局，一般配置2~4行。

主防风林带由乔木、亚乔木、灌木组成，一般大乔木：亚乔木：灌木为6：3：1，整行配置的紧密结构混交林防风效果较好。防护林带的栽植距离一般是乔木树种株行距1~3m×3~4m；灌木树种0.5~1m×1~2m。

(八)农机配套

根据杏李园面积配套果园机械种类、数量，一般杏李园应配置中小型拖拉机、弥雾机、悬挂式割草机、开沟施肥机、多功能修剪、采摘作业平台等。

二、困难立地建园技术

针对干旱半干旱气候、水资源季节性短缺及土壤条件贫瘠，可采用提高造林成活率、节水保墒等技术措施(覆盖黑色塑料布、套保湿袋的节能)简约化栽培模式。

(一)整地开沟

戈壁沙砾区，应按照行距南北方向开沟换土，沟宽1.5m、深

1m，沟内可先垫一层棉花秸秆、杂草、枝条等，然后再进行土壤改良，沟内回填的土不能用盐碱土，要求 pH 值<8.6、总盐含量控制在 0.3%以下，使用熟化土壤回填。换土完成后，灌透水使土壤沉实，整平呈待栽状态。如土壤为中轻度盐渍化，应先沿定植行 1.5m 宽重施有机肥，每亩 6~8t，然后深翻、大水漫灌压碱洗盐。

果树株行距 3m×4m 或 3m×5m，沟两边起垄，沟宽 90cm，沟深 15~20cm。

（二）挖坑栽苗

根据土壤条件，如墒情不佳，可先在沟内灌水再栽苗，可防止苗木根部水分抽干。栽苗时，不宜栽植过深，需将嫁接口留在距地面 3~5cm 处。

（三）覆盖黑塑料布

土壤合墒时，先平整修理种植带，然后将黑塑料布裁剪成宽 85cm 的长条，将黑塑料布从上至下套至苗木根部，平铺在果树沟内并在黑塑料布上覆盖土 3~5cm，四周边缘用土压严。

（四）套保湿袋

定植后，每株树套长条形塑料保湿袋，将保湿袋一头打结，从顶部由上至下套到苗木根部，然后将保湿袋下部埋置土壤中。待发芽至 2~3cm 时在塑料袋上端剪 2 个口，先通风散热，停 2~3 天后，再将底部袋口解开，使上下空气流通，降低袋内温度，再过 2~3 天后选择傍晚或阴天时将塑料袋取下即可。

（五）灌水

苗木栽植后立即灌 1 次透水，等水充分渗入后再覆土，5~7 天再灌 1 次透水，杏李发芽后按照当年肥水管理要求进行。

（六）扶苗

第 1 次灌水后待墒情可以进地时，检查保湿袋底部，同时将苗木扶正，立竹竿。竹竿应立在苗的北面，距苗 5cm 左右，深度约 30cm，并将苗木与竹竿绑缚 2~3 道。

（七）调查苗木成活情况

苗木萌芽后，随时检查成活情况。对于枝条顶端有逐渐失水情况的苗木可剪干平茬，促使重发。对已抽干死亡的苗木及时拔除销毁，待秋季或翌年春季补栽苗木。

困难立地建园品种配置、灌溉管理、土壤管理、整形修剪、防护林营造、农机配套参照第二节。

第二节　杏李高接换优建园技术

一、改接时间和砧木园选择

春季 3 月底至 5 月初。砧木选择为幼龄和中龄杏、桃等，改接品种‘恐龙蛋’‘味帝’‘味王’‘风味皇后’‘味厚’‘风味玫瑰’。

二、杏李接穗的采集和保存

接穗的采集，在树体进入休眠至萌动前采集(1 月初至 2 月底)，接穗应选用当年生、生长健壮、径粗达到 0.6cm 以上的枝条。

接穗采集后剪口需用蜡封储存。将蜡封好的接穗放在冷库或阴凉的地窖中贮存，温度控制在 3~4℃，湿度控制在 60%~90%。

三、砧木处理

大树换头尽量多留枝，有利于地上部的生长，尽快恢复树冠。一般树龄在 10 年以上的大树，应留枝 10 个以上；树龄在 10 年以下的树，应留枝 5~10 个。

嫁接前(3 月 5~20 日)可视土壤墒情灌 1 次透水，增加土壤水分，提高嫁接成活率。

嫁接前要对砧木进行修剪处理(3 月底，建议萌芽后较好)，按照整形要求，嫁接砧木树高控制在 1.2m 以下，留主枝 3~5 个，每主枝截留 20~30cm，每主枝留嫁接枝条 1~2 个，截留 8~10cm。嫁接部位应选用直立或斜生枝条，枝条一般选择纹理光滑的1~2年生枝条。

若砧木树体在1.2m以下无主侧枝，应在1.2m处去头，胸径达到8cm以上，建议当年不进行枝接。待其发出新枝，去除60cm以下的萌条，选留60~120cm处方位好、生长健壮的新枝，长至30cm后摘心，6月中旬前后进行芽接。

四、嫁接方法

枝接(双舌接法)即用枝接刀将砧木削成“舌形”，切面长2~3cm，距切面较薄一方1/3处，顺着削面下切1.5~2cm，作嫁接时的卡口。削接穗先把接穗剪成6~8cm长的小段，每段带2个饱满芽。每段接穗下端削成舌形切面，再削一个同砧木削面相同的卡口。将削好的接穗卡口卡入砧木卡口，舌面对舌面轻轻下推，同时对准形成层，用塑料绳绑缚固定。然后用白色塑料薄膜套住接穗及接口，在接口下部绑扎密封，保湿。

五、嫁接后的管理

(一)抹芽

10天后检查接穗成活情况。对于嫁接未成活的接穗，及时进行二次枝接(时间不超过5月10日)，也可以选留方向好，健壮的萌芽，促其生长，待6~7月芽接所用。

芽接的枝条一周后检查成活，对于嫁接未成活的接穗，可进行二次芽接(在阿克苏地区时间不超过7月10日)。

(二)放风

切不可人工提前将套在穗条外的塑料薄膜损伤，尽可能让穗条萌芽的自身生长力将薄膜撕开，若确实需要人工放风的，应在嫁接20天后进行。

(三)新梢管理

穗条新梢在长至20~30cm时摘心，促进枝条木质化，防止风

折，增强越冬能力。

（四）解绑

芽接和枝接的穗条，一般在6月底至7月初新梢长至30cm左右时，在嫁接绑缚物开始影响生长前，及时将嫁接绑缚物去除。

（五）防风折技术措施

绑缚支架。在穗条新梢长至20～30cm时，为新梢绑缚支架，用1m长的木棍，下部固定在砧木上，把新梢绑在棍上即可。随新梢的加长要绑缚2～3次。

适时解除接口上的绑扎物。当嫁接部位已经愈合牢固，必须及时地解除接口上的一切绑扎物。

新梢重剪。当新梢生长过旺，生长长度较长时，可采用重剪。

第三节　杏李栽培管理关键技术措施

一、保花、保果技术措施

（一）授粉组合

3个杏李品种人工自花授粉的坐果率为0～3%，其中‘风味皇后’和‘味帝’的坐果率极低，均为0，‘恐龙蛋’的自交坐果率较低，为2.16%（表3-1）。

表3-1　3个杏李品种自花授粉坐果率比较

品种	花朵数	坐果数	坐果率（%）
‘风味皇后’	249	0	0
‘恐龙蛋’	231	5	2.16
‘味帝’	200	0	0

‘风味皇后’和‘味帝’自花授粉的坐果率均为0，为自交不亲和品种，‘恐龙蛋’的坐果率为2.16%，有一定的自花结实能力，但

是达不到生产上要求的产量。‘风味皇后’×‘恐龙蛋’‘风味皇后’×‘长李15’‘恐龙蛋’×‘风味皇后’‘恐龙蛋’×‘女神’‘味帝’×‘风味皇后’‘味帝’×‘恐龙蛋’及‘味帝’×‘赛买提’的坐果率较高(表3-2)，‘风味皇后’和‘恐龙蛋’可相互作为授粉树，且二者及杏品种‘赛买提’均适合作为‘味帝’的授粉树；‘长李15’和‘女神’适宜作为‘风味皇后’及‘恐龙蛋’的授粉树，‘味帝’不适宜作授粉品种。

表3-2　3种杏李不同授粉组合坐果率比较

母本	父本	花朵数	坐果数	坐果率(%)
‘风味皇后’	‘恐龙蛋’	210	7	3.33
	‘味帝’	204	0	0.00
	‘佳娜丽’	224	2	0.89
	‘赛买提’	289	1	0.35
	‘长李15’	229	6	2.62
	‘女神’	214	0	0.00
	自然授粉	253	17	6.72
‘恐龙蛋’	‘风味皇后’	269	7	2.60
	‘味帝’	262	3	1.15
	‘佳娜丽’	242	1	0.41
	‘赛买提’	298	3	1.01
	‘长李15’	282	25	8.87
	‘女神’	267	37	13.86
	自然授粉	270	23	8.52
‘味帝’	‘风味皇后’	229	5	2.18
	‘恐龙蛋’	261	19	7.28
	‘佳娜丽’	217	3	1.38
	‘赛买提’	206	11	5.34
	‘长李15’	240	15	6.25
	‘女神’	231	8	3.46
	自然授粉	209	9	4.31

(二)利用蔷薇科多品种自然授粉

美国杏李是杂种，具有杂种优势，基因中接受自然界的各种信息资源丰富，通过育种过程中的筛选、淘汰、加强，优良基因遗传下来。花的柱头对花粉适应范围广，能接受很多果树花粉的自然传粉，尤其对蔷薇科植物亲和力更强。据对河南省西峡县田关乡孙沟村 333hm^2 核果类果园调查，美国杏李与‘安哥诺’‘黑宝石’‘蓝宝石’‘金太阳杏’‘凯特杏’‘试管杏’樱桃等果树混栽能互相传粉结果，而且周围品种越多越混杂，盛花期相遇的概率越大，自然传粉效果越好。生产上可以利用这一特性在美国杏李有效授粉范围内片状混栽 3~5 个花期接近的蔷薇科果树，互相传粉。

(三)人工授粉方法

美国杏李来自杏、李杂交，树体和花器具有双重基因，雌雄蕊亲和性有差异，自花授粉就相当于种间自然杂交。有的品种基因亲和性强，可以自花授粉，如‘恐龙蛋’；有的品种基因亲和性弱，不能自花授粉，生产上表现为只开花不结果，需在品种间搭配授粉树自然传粉，如‘风味皇后’。无授粉树就要靠人工辅助授粉。‘恐龙蛋’对‘风味皇后’授粉，方法为 2. 5kg 蔗糖+0. 15kg 硼砂+20g 花粉+50kg 水配成溶液向树冠喷雾，单株结果 38. 8 个，授粉效果好。用树上挂枝法单株结果 29. 8 个，虽然授粉效果差，但方法简单，成本低，在目前美国杏李花粉不易采集的情况下，生产上仍有一定的应用价值。在授粉组合中，对‘风味皇后’授粉效果优劣的品种排列顺序依次为：‘恐龙蛋’>‘味厚’>‘味王’。不进行人工授粉的‘风味皇后’不结果。生产上可以此为依据搭配授粉树。

(四)提高坐果率技术措施

采用人工授粉和果园放蜂，可提高产量，每公顷放蜂不少于 7 箱，放蜂时间为 4 月上中旬(以花期为准)。在初花期至盛花期，喷布清水或 0. 2%尿素加 0. 2%硼砂。幼果期喷 0. 2%的尿素水溶液和 0. 2%的磷酸二氢钾水溶液(魏雅君等，2017)。

二、疏花、疏果技术措施

（一）疏花技术措施

不同化学药剂对果树花果的疏除机理不同。石硫合剂的作用机理是灼伤雌蕊柱头，直接抑制花粉萌发和花粉管伸长。乙酸是一种人工合成的植物生长素类生长调节剂，其作用机理是干扰树体内一些激素的代谢和运输，从而促进乙烯的形成而导致落果。因此，各化学药剂的喷布时期以及在不同品种上的反应也有所不同。在 3 个杏李品种盛花期喷施 1 次 0. 3°Bé 或 0. 4°Bé 石硫合剂和 20 或 30mg/L 萘乙酸均有不同程度的疏除作用，疏除率为 70%～90%。

使用化学药剂进行疏花应具有稳定的疏除效果，降低坐果率的同时单果重较对照有所提高，且不能影响果树的单株产量及果实品质。‘恐龙蛋’喷施 30mg/L 萘乙酸或 0. 4°Bé 石硫合剂后坐果率低于对照，单果重和果形指数、可溶性固形物含量、总糖、总酸含量以及维生素 C 含量均显著高于对照。‘风味皇后’喷施 20mg/L 萘乙酸和 0. 3°Bé 石硫合剂、‘味帝’喷施 30mg/L 萘乙酸和 0. 4°Bé 石硫合剂后的坐果率均低于对照且小于 10%，喷施各浓度石硫合剂后的单果重也较低于对照，但是各处理果实的果形指数、可溶性固形物含量、含糖、含酸量及维生素 C 含量均显著高于对照。

两种化学药剂对 3 个杏李品种疏花疏果及果实品质均产生了不同程度的影响。‘风味皇后’较适宜的处理为盛花期喷施 1 次 20mg/L 萘乙酸及 0. 3°Bé 石硫合剂，坐果率相比对照分别降低了 43. 52%、49. 23%，‘恐龙蛋’较适宜喷施 30mg/L 萘乙酸及 0. 4°Bé 石硫合剂，坐果率分别降低了 16. 45%和 25. 89%，而‘味帝’较适宜喷施 30mg/L 萘乙酸和 0. 4°Bé 石硫合剂，坐果率较对照分别下降了 77. 90%、76. 18%，疏除效果较为理想，且单果重、果形指数、可溶性固形物、总糖、可滴定酸及维生素 C 含量均显著高于对照。

（二）疏果技术措施

为获得均匀和品质优良的优质果，合理布局树体的负载量，盛

果期保证连年丰产，果园可进行疏花疏果。根据立地条件和管理水平确定留花量，疏花一般蕾期和花期进行，越早越好。就整个树冠而言，树冠中下部少疏多留，外围和上层多疏少留；抚养枝、强枝多留，骨干枝、弱枝少留。第 1 次疏果应在花后 25 天进行，疏去发育不良和拥挤的果实，短果枝留 1 个果，叶片多或中长枝的可留 2~5 个果，果间距间隔 5~8cm 留 1 个果。疏除伤果、畸形果，保留发育正常果。为提高果品品质，盛果期合理负载量 500~800 个/株，控制在 30~45t/hm^2。

三、防裂果技术措施

果实生长发育后期灌水或遇降雨，果肉细胞会迅速恢复生长，生长速度极快，而果皮细胞生长相对迟缓，从而使果皮胀裂。为防止果实裂果可采取以下技术措施。

(一)合理灌溉

在果园建立时，充分考虑灌溉条件，保证果园在旱季来临时，能及时均衡供水，尤其是在杏李果实第 2 次迅速膨大期和成熟期应保持土壤适度湿润，防止过干过湿而造成裂果。

(二)喷施防裂营养元素

适当增施钙肥。叶面连续喷施中量元素水溶钙肥(营养成分：钙≥171g/L、镁≥19g/L、氮≥160g/L、硼≥0.72g/L、铜≥0.52g/L、铁≥0.8g/L、锰≥1.6g/L、锌≥0.5g/L，每克稀释 2000 倍)，谢花后第 5 天开始喷肥，每次间隔 10 天，即坐果期、幼果期、果实膨大期各喷 1 次，共喷 3 次。果实采摘前 20 天(转色期后成熟期前)喷 1 次，一共喷肥 4 次，对控制裂果有较好的效果(魏雅君等，2017)。

(三)喷施成膜剂

喷施成膜剂(水溶性有机酸钙 50%、碳酸钙 42%、有机皮膜剂 8%，每克稀释 500 倍)，成膜剂在谢花后一周内喷 1 次(可以和农药一起混配使用)，幼果期喷 1 次，果实膨大期喷 1 次，果实转色期喷1次，一共喷4次直到果实成熟。

四、预防冻害管理措施

(一)冻害发生后的管理措施

1. 及时灌水

采用早春灌溉延缓土壤升温，减少水分丧失，遭受冻害的树木，常因缺水而加剧受害程度，故及时灌水，可提高土壤的含水量，使植株尽快恢复。

2. 推迟修剪

冻害发生后，不应及时修剪，为防止树势减弱，枝条抽干，可延迟至芽体萌动后修剪。对枝梢受冻的，受冻部分完全干枯后，再剪到未受冻处。

3. 喷药保护树体

冻害发生后，杏李枝干、叶芽和花芽等部位都有不同程度的损伤，病菌极易侵入感染，枝条萌动前，喷施3°~5° Bé石硫合剂，防止病菌和虫害的发生。

4. 增加人工授粉或放蜂授粉

对冻害程度较轻的杏李园采取人工辅助授粉，在初花期至盛花期，喷布清水或0.2%尿素加0.2%硼砂，间隔5~7天连喷2次，能显著提高坐果率。也可以通过果园放蜂提高杏李的坐果率，但当气温低于15℃时，蜜蜂飞行传粉活力降低，会大大影响蜂群对杏李花的授粉效果。为刺激蜜蜂采集杏李花粉的积极性，可在开花期对花朵喷0.3%~0.6%蜂蜜水或0.6%~1.0%白糖水，能显著提高蜜蜂授粉效果，提高坐果率。

5. 加强肥料投入

果园可结合浇水及时施肥，也可叶面喷施氮肥(含锌)等速效营养元素，促进杏李树生长，力争保住没受冻害的花果，取得一定产量；同时补充营养元素，可增加光合作用效能，促使叶面制造充足养分，以利于树势迅速恢复，促进树体正常生长，对已经造成冻害

的果园，立即喷施天然芸苔素等叶面肥，这样可以修复受损的细胞膜，减轻冻害。同时结合幼果期灌水，增施高氮低磷钾水溶肥及农家肥，恢复树势，促进隐芽、副芽萌发，重新培养枝组。

6. 延迟疏果、定果

对已经造成冻害的果园，应立即停止疏花，以免造成坐果不足，后期根据坐果数量进行一次性定果。

(二)预防冻害发生的管理措施

1. 加强防护林建设

在园区四周建设防护林，可调节温度，减少冻害。四周林带配置4~6行，主风向林带加宽为8~10行。

2. 喷施防冻剂

发芽前喷高脂膜或青鲜素水溶液等，增强花期抗冻能力。

3. 控水管理

采取合理的灌水措施，生长季前期加强肥水管理，后期应控制肥水的供给，根据不同土壤类型确定秋季控水时间，促进枝条成熟木质化。11月中下旬灌冬水1次，要求一次灌透。3月初气温回升地面刚开始解冻时，灌大水1次。

4. 施肥管理

满足树体营养需要，以保证花芽充实饱满，提高花芽抗寒能力。以有机肥为主，可适当加入磷钾肥。果实采收后至落叶前施入，每年每公顷施基肥30~45t(每亩施基肥2~3t)；采用树行两侧树冠投影下开挖深50~60cm、宽30~40cm的沟或槽施入。每年追肥2次。每公顷施氮磷钾肥300~450kg，萌芽前以氮肥为主(氮含量占70%)；硬核期(5月下旬至6月上中旬)以磷钾肥为主(磷钾含量占70%)。长势偏弱的果园可适当加大施肥量。施肥方式可沟施或冲施。

5. 合理修剪

夏季修剪主侧枝摘心，疏除过密枝、主枝上的强旺枝和徒长枝等。盛果期，结果枝组过密时适当疏剪，去弱留强，去小留大，去直立留平斜。为控制结果部位上移外移，各类枝组的回缩修剪要交替进行。内膛选留预备枝，使其转化为结果枝。当树冠上部和外围结果枝组开始干枯，产量显著下降，主枝和侧枝上的隐芽萌生徒长枝时，应进行更新修剪。进行骨干枝的回缩修剪，使其能够复壮，利用新萌发的枝条，更新恢复枝组。

6. 减少施氮肥

进入 8 月果树停止施用氮肥，从而避免秋梢过旺生长，喷磷酸二氢钾 0.3%，使枝条生长充实，提高细胞液浓度，增强抗冻能力。

7. 树干涂白

在果园清园后选择晴天进行，在果园土壤封冻前完成，在冬前和早春时，分别对果树涂刷 1 次，涂刷果树的主干及主枝。

第四章 新疆杏李病虫害及防控

病虫害的发生危害，常造成杏李树势衰弱、果实品质下降、产量降低等现象，严重阻碍了杏李产业的健康发展。为保障杏李果品优质、绿色、无污染，提高产品质量和效益，在杏李病虫害防控中应采取绿色高效的防控技术，充分利用杏李林生态系统，以生态平衡和生物多样性为核心，综合利用农业、物理、生物以及化学防治等方法，创造出有利于病虫害天敌繁衍和不利于病虫害发生的生态环境，进而达到有效防控病虫害和持续、稳定增产的目的。

第一节　杏李病虫害防控原则

一、坚持“预防为主，综合防治”

1975 年，我国制定了“预防为主，综合防治”的植保方针，在这一方针的指导下，植物有害生物防控工作取得了显著成绩，杏李的病虫害防治也应坚持这一方针。在病虫害防治中，预防工作非常重要，甚至“防重于治”。预防为主，就是根据病虫害发生规律，抓住薄弱环节和防治的关键时期，采取经济有效、切实可行的方法，在病虫害大量发生或造成危害之前，予以有效控制，使其不发生或蔓延，以保护植物免受损失或少受损失。目前还没有一项防治技术单独使用能够彻底解决病虫害问题，因此综合防治尤为重要。综合防治，就是从生产的全局和生态平衡的总体观念出发，充分利用自然界抑制病虫害的各种因素，创造不利于病虫害发生和危害的条件，有机地采取各种必要的防治措施。即以栽培技术防治为基础，根据病虫害发生发展的规律，因时、因地制宜，合理地协调应用生物、物理、化学等防治措施，取长补短，相辅相成，以达到经济、安全、有效地控制病虫害发生，将其造成的损失减少到最低水平。

二、防治主要病虫害，兼治次要病虫害

在杏李的生长发育过程中，可能同时或先后有多种不同程度的病虫害发生，在防治时要善于抓住主要病虫害，集中力量解决对生产危害最大的病虫害问题。对次要病虫害要考虑兼治，同时还要密切注意次要病虫害的发展动态与变化，有计划、有步骤地适时防治。此外，还需注意不同环境、不同气候条件下的病虫害防治重点也不相同。

三、强化生态意识，减药增效，倡导科学绿色防控

传统的病虫害防控过于依赖化学防治，容易造成抗药性增强、生物多样性降低、农残超标、环境污染等问题，既不符合现代林果业的发展要求，也不能满足持续控制病虫害灾害和林业标准化生产的需要。因此，遵循科学合理的原则，完善绿色防控技术体系，提高农药减量控害能力，对林果业实现可持续发展具有重要的意义。在杏李种植过程中，应将病虫害防治工作贯穿于生产的各环节，通过加强栽培管理，提高杏李自身抵抗病虫害的能力，及时清洁果园，降低病虫害侵染来源，再结合灯光诱杀、色板诱杀、物理阻隔等物理防控措施，不仅能有效降低病虫害的危害，还具有安全环保、无残留、不产生抗性等优点，对保障食品安全和保护生态环境具有重要意义(桑文等，2022)。在使用药剂进行防治时，应严格遵守国家针对林业病虫害防治的相关规定，尽量选择微生物农药、植物源农药和矿物性农药，减少化学农药的使用，通过精准施用、抗

药性监测、控制安全使用间隔期等措施，保证在有效防治病虫害的基础上达到减药增效的目的。

四、措施合理，遵循经济性原则

确保经济效益是杏李病虫害防治的重要指标和目标。在杏李生长发育过程中，会发生多种病虫害，如果病虫害的危害程度低于经济防治指标，则无须采取过多的措施对其进行防治，以节约成本，从而获得最佳经济效益。对于杏李病虫害综合治理而言，可以因地制宜，一园一策，根据具体病虫害的发生规律、发生程度等特点，采取最合理的防控措施，使用最少的人力、物力、财力，在达到防治病虫害目的的基础上，最大程度地保障经济效益。

第二节　杏李主要病害与防控

一、细菌性穿孔病

细菌性穿孔病是核果类果树的常见病害之一，寄主包括杏李、桃、油桃、西梅、李、杏、樱桃和山桃、桂樱等。

(一)症状

该病对杏李的叶片、枝条和果实均能造成危害。叶片受害，初期出现灰色水渍状小斑点，后期不断扩展，形成边缘呈黄色晕圈、中心为深褐色的不规则病斑，最后病斑中心部坏死脱落形成穿孔，严重时不同病斑粘连在一起，形成大面积穿孔，甚至导致叶片脱落。果实受害，早期在果面形成褐色斑点，稍凹陷，后期病斑凹陷加重，边缘呈水渍状，潮湿天气或有黄色菌脓，严重时裂口深广。枝条受害，枝梢上有明显溃疡斑，皮层翘起，木质部裸露，形成近梭形褐色病斑，严重时树皮开裂，常常导致枝条干枯死亡(李纪华等，2009；余德亿等，2013)。

（二）病原

杏李细菌性穿孔病的病原菌为树生黄单胞杆菌（*Xanthomonas arboricola*），属于黄单胞杆菌属，革兰氏染色阴性。在培养基上菌落呈淡黄色、黏稠状，形态饱满，边缘整齐，有光泽。

（三）发病规律

病原菌主要在杏李枝干病组织内越冬，翌年春天随气温升高，染病组织溢出病菌，借助雨水、气流和昆虫迅速传播，经叶片气孔、枝条和果实皮孔侵入进行浸染。生长季里病害会在叶片、果实和枝条上进行交叉、反复侵染，高温高湿利于发病，使病情加重扩散。

（四）防控措施

1. 农业防治

加强栽培管理、及时修剪，保持果园通风透光；春秋两季清园，剪除病枝，清除枯枝落叶，集中深埋或烧毁，减少越冬病原菌数量；生长季内及时摘除病果，集中深埋。

2. 化学防治

早春杏李发芽前，全园喷施 5°Bé 石硫合剂；展叶后、发病前，可交替喷施氯溴异氰尿酸、代森锰锌、噻唑锌等药剂减少初侵染源，每隔 10~15 天喷 1 次，连续喷施 2~3 次；果实膨大期可根据降雨情况和病害发生情况，选择中生菌素、溴菌腈、乙蒜素等杀菌剂进行防治，杏李采收前 30 天禁止使用农药。

二、流胶病

流胶病是树体在受到病原菌或机械等伤害后，树体从伤口或皮孔流出黏液的现象，在核果类果树上普遍发生，对桃、杏、李、杏李等果品的生产和品质影响较大，一定程度上会造成结果年限缩短，树势减弱，严重时甚至整株死亡或毁园。

（一）症状

流胶病主要发生在果树的主枝主干、侧枝和分叉处，易发于树

体有伤口的部位。发病初期，病部稍稍肿大，从伤口边缘流出乳白色水滴状胶体，暴露不久变为透明，之后在空气中逐渐氧化，浓缩成浅褐色的柔软胶块，逐渐变硬，琥珀色，有时开裂，胶体形状不规则。被感染部位的下皮层、木质层呈褐色腐烂状，流胶病发生后会削弱树势，使叶片变黄，果实停止膨大导致产量下降(马玉娴等，2011)。

(二)病原

流胶病分为侵染性和非侵染性两种。非侵染性流胶病致病机理表现为非生物因素引起的树体生理性失调，一般是由于施肥不当、修剪过重、日灼、冻害等引起的。侵染性流胶病一般是由真菌侵染引起的病害，目前已报道的有半知菌亚门头孢霉属、葡萄座腔菌、半知菌亚门丛梗孢目丛梗孢科的轮枝孢菌、黄萎轮枝孢菌、大丽花轮枝孢菌和蕉孢壳菌等，引起杏李侵染性流胶病的病原菌还需进一步研究确认。

(三)发病规律

4~10月均可发生，高温高湿、树龄、立地条件、栽培管理水平、灌溉方式、株行距以及间作方式等均会影响流胶病的发病情况，过度修剪、日灼、机械损伤等物理伤害均会加剧流胶病的发生。

(四)防控措施

1. 农业防治

选择地下水位较低、土壤疏松透气的平地或缓坡地建园。增施腐熟有机质肥料，改良土壤，黏土应掺入粗沙，排渍水，增强树势，提高抗病能力，减少不必要的机械损伤，尽量少施或不施化学除草剂。推荐行间生草和行内(或树盘)覆草。避免重茬，在老园砍伐后2年内不宜建园。适度控制结果量，合理负载。

2. 树干涂白

果树落叶后，入冬进行树干涂白。枝干涂白既能杀菌消毒，又能预防冻害、日灼。涂白剂可用食盐：生石灰：水=5：25：70，先将生石灰用水化开，再加食盐，搅拌成糊状。

3. 修剪措施

幼树除骨干枝外不留多余大枝，以防后期修剪造成大伤口。防治枝干病虫害，减少各种伤口。尽量避免机械创伤和树体早期落叶。

4. 清园措施

在冬季修剪后和萌芽前各喷施 1 次 3°～5°Bé 石硫合剂，在主干、主侧枝上充分喷药。

5. 化学防治

在冬季休眠期可进行彻底的刮治处理。秋后冬初(或冬后春初)，在雨后或雪后枝干还比较湿润时，及时刮除胶体。刮胶后，重点对刮胶点涂抹 5°Bé 石硫合剂或 150 倍多菌灵，或 40%氟硅唑乳油 200 倍液，或 21%过氧乙酸水剂 5 倍液，或喷 70%代森锰锌可湿性粉剂等药剂，每 7～10 天喷 1 次，连喷 3～4 次，或灰铜制剂(硫酸铜 100g，氧化钙 300g，水 1kg)，或者用生石灰 10 份、石硫合剂 1 份、食盐 2 份和植物油 0.3 份，兑水调成糊状涂抹。待涂抹的杀菌剂风干后，再涂抹保护剂，腐必清乳油等。

三、苗木立枯病

苗木立枯病又称苗木猝倒病，是杏李树苗期的严重病害，苗圃中每年都有不同程度的发生，严重时常导致杏李苗木的死亡，具有发生迅速、传染性强的特点。

(一)症状

苗木立枯病症状主要有种芽腐烂型、猝倒型、茎叶腐烂型和立枯型 4 种类型。

种芽腐烂型：种子发芽尚未出土前被病原菌侵入，在地下就腐烂死亡，苗床上常发生缺苗断株现象。

猝倒型：发生在幼苗出土后不久，苗木尚未木质化之前，病菌从靠近地面的根茎处侵入，产生褐色斑点，后期造成组织腐烂坏

死，呈半透明状，地上部分萎蔫倒伏。

茎叶腐烂型：幼苗出土后，如苗木过密或空气湿度过大时，幼苗常茎叶黏结或出现白毛状丝，苗木萎蔫、死亡。

立枯型：幼苗木质化以后受害，病菌从根部侵入，造成根部组织腐烂、坏死，地上部分失水萎蔫，但直立不倒伏。拔出病苗，根皮往往脱落，仅留木质部。

（二）病原

苗木立枯病分为侵染性和非侵染性两种，非侵染性立枯病主要由圃地积水、播种覆土过厚，表土板结、地表温度过高、灼伤根茎等原因引起；侵染性立枯病由真菌侵染引起，主要病原有丝核菌（*Rhizoctonia* spp.）、镰刀菌（*Fusarium* spp.）、腐霉菌（*Pithium* spp.）、链格孢菌（*Alternata* spp.）等。四类真菌均属于土壤习居菌，可长期存活于土壤中的病残体上，在10cm的表土层中最多，当条件适宜时侵染苗木。腐霉菌和丝核菌多在苗木出土前后侵染，而镰刀菌常于幼苗生长后期进行侵染。

（三）发病规律

一般老苗圃、菜地、棉花地等土壤中含菌多，易发病。土壤黏重、排水不良、圃地潮湿利于病菌发育，不利于苗木生长，所以苗木抗病力弱，发病较重。播种过密、氮肥太多、施用不腐熟的有机肥料也会促进病害的发生发展。

（四）防控措施

1. 土壤消毒

每亩用5~7.5kg硫酸亚铁药粉拌细土20kg，撒在苗床上耙匀，或用0.3%的硫酸亚铁药液喷洒苗床，每亩150kg左右。

2. 种子处理

育苗时用100倍的酶解壳寡糖拌种。

3. 栽培措施

苗期喷洒超浓缩生根肥750~1000倍液加0.1%~0.2%的磷酸二氢钾溶液，或酶解壳寡糖700~1000倍液灌根处理以提高树苗的抗病力。

4. 药剂防治

苗木立枯病在幼苗出土后及时清除发病植株，发病初期喷淋20%甲基立枯磷乳油1200倍液或50%甲基硫菌灵悬浮剂700~1000倍液、15%恶霉灵水剂450倍液。

四、白粉病

白粉病是一种常见的植物真菌病害，寄主范围广，具有潜育期短、流行性强、传播快的特点。

(一)症状

白粉病主要危害杏李的叶片和果实，被害部位表面覆盖一层灰白色粉状物是该病的主要特征。叶片受害后，在叶正面生白色粉状斑，略显褪绿或呈畸形，然后逐渐向整个叶片蔓延，后期病斑上着生大量小黑点，为病原菌的闭囊壳，受害叶生长受影响，叶片呈波纹状，严重时叶片干枯脱落。果实受害后，在果面上形成直径约1cm的圆形病斑，其上有一层白色粉状物，接着表皮附近组织枯死，形成浅褐色病斑。

(二)病原

白粉病的病原菌通常为子囊菌亚门白粉菌目真菌，因寄主不同，病原菌种类也有不同，杏李白粉病的病原菌还需进一步研究确定。

(三)发病规律

病原菌主要以闭囊壳在病残体上越冬，也可以菌丝体、分生孢子在作物上越冬。气温达到20~25℃时，闭囊壳散发出子囊孢子，或由菌丝形成分生孢子梗和分生孢子，借助雨水或气流传播。分生孢子繁殖能力强、速度快、侵染力强，可以进行多次再侵染。

(四)防控措施

1. 农业防治

加强田间栽培管理措施，合理密植，合理修剪，保证林间通风

透光，并且合理松土和灌溉，降低林间湿度和温度。增施有机肥，避免偏施氮肥，增加土壤有机质，增强树势，提高树体抗病能力。集中清理落叶并销毁。在冬季和春季，结合修剪，剪除病枝和病芽，及时摘除病芽和病梢。

2. 药剂防治

杏李萌芽前喷洒 5°Bé 石硫合剂，或 300 倍硫黄悬浮剂，消灭越冬病原。在白粉病发病初期可喷施 0. 2°~0. 3°Bé 石硫合剂，或 500~1000 倍甲基托布津，50% 甲基硫菌灵 1000 倍液，43% 的戊唑醇 300 倍液交叉使用连喷 2~3 次，每隔 10~15 天喷 1 次。

第三节　杏李主要虫害与防控

一、春尺蠖

春尺蠖（*Apocheima cinerarius*）属鳞翅目（Lepidoptera）尺蛾科（Geometridae），又名尺蠖、杨尺蠖、柳尺蠖、沙枣尺蠖等，俗称“吊死鬼”。

（一）危害症状

春尺蠖主要以幼虫取食杏李叶片，多在早春杏李发芽展叶期危害，幼虫发育快且食量大，常吐丝下垂，借助风力飘荡到其他树体上，继续进行危害，常暴发成灾，影响树体的生长发育，发生严重时叶片被吃光，导致枝梢干枯，树势衰弱，引起树木大面积死亡（吴雪海，2017）。

（二）形态特征

成虫：雄虫体长 10~15mm，翅展 28~37mm。触角浅黄色，羽毛状，胸部有灰色长毛，翅发达，前翅淡灰褐色至黑褐色，从前缘至后缘有 3 条褐色波状横纹，中间一条不明显，翅反面灰白色，有光泽，腹部毛色污黄；雌虫无翅，体长 7~19mm，触角丝状，复眼黑色，体灰褐色，足细长，胸部极小且不发达，腹部的背面各节有数量不等的成排黑刺。

卵：椭圆形，长 0.8～1.0mm，有珍珠光泽，卵壳上有整齐刻纹。初产时为灰白色，孵化前为深紫色。

幼虫：身体细长，长 22～40mm。腹部第 2 节两侧各有 1 个瘤状突起，腹线白色，气门线淡黄色。背面有 5 条纵向的黑色条纹，两侧各有 1 宽而明显的白色条纹。幼虫分为 5 个龄期，一般 1～2 龄幼虫体色为黑褐色，3～5 龄幼虫多为灰黄绿色、灰褐色。胸足 3 对，第 6 腹节有腹足 1 对，末节有臀足 1 对。

蛹：长 12～20mm。灰黄褐色，末端有臀刺，刺端分岔。

(三)发生规律

春尺蠖一年发生一代，主要以蛹在树冠下土壤中越冬。翌年 2 月下旬至 3 月初，当日平均气温 10℃以上，地表 5～10cm 处土壤温度在 0℃时，成虫开始羽化出土。雄蛾有趋光性，多在夜间活动。雌蛾无翅，藏于树干裂缝或开裂的树皮下隐蔽处，雄蛾围绕树根、树干边爬边飞，寻找雌蛾交尾。3 月上中旬开始产卵，产卵在树皮裂缝、枝杈、机械损伤处，3 月下旬至 4 月上中旬幼虫孵化，4 月中下旬至 5 月上旬进入危害高峰期，5 月中下旬老熟幼虫开始下地，在树干周围做土室化蛹越夏越冬，蛹期长达 9 个多月。

(四)防控措施

1. 农业防治

秋季进行树干涂白，秋季或早春深耕翻土、上冻前进行冬灌，破坏蛹越冬场所，杀灭地下越冬春尺蠖蛹。加强栽培管理，增强树势，提高林木自身抗病虫能力。

2. 物理防治

(1)阻隔法

利用春尺蠖雌成虫无翅须爬行上树产卵的特性，在成虫羽化前，视树皮光滑程度，在树干胸径处刮除粗糙老树皮或以耐冲淋材料填平糙面，不留沟隙，形成宽 10～15cm 的平滑环圈。用宽 10～15cm 的塑料胶带或塑料薄膜沿环圈部位缠绕 1 周，封闭严实。刮

皮时，不可伤及韧皮部，定期清理被阻隔上树的雌虫。

(2)诱杀法

雄成虫具有趋光性，成虫羽化期，在林间设置频振式杀虫灯或黑光灯等诱杀雄虫。

3. 化学防治

在2~3龄幼虫发生高峰期前，使用25%甲维灭幼脲悬浮剂1000~2000倍液或2.5%高效氯氟氰菊酯乳油2000~3000倍液喷雾防治。

4. 生物防治

1~2龄幼虫发生高峰期，喷施春尺蠖核型多角体病毒3.0×10^{11}~6.0×10^{11}PIB/mL或16000IU/mg苏云金杆菌可湿性粉剂1200g/hm^2，应选择阴天或晴天的早晚施药，避免阳光直射，施药时以树体均匀覆盖药液，不流不淌为宜。

二、梨小食心虫

梨小食心虫(*Grapholitha molesta*)属鳞翅目(Lepidoptera)卷蛾科(Tortricidae)，简称“梨小”，又名东方蛀果蛾、桃折梢虫，是一种世界性的果树害虫，具有发生范围广、世代重叠、喜温喜湿等特点。

(一)危害症状

梨小食心虫以幼虫危害果实为主，部分也危害嫩梢。幼虫危害嫩梢时，多从新梢顶2、3叶片的叶柄基部蛀入，在髓部向下蛀食，被害梢部枯萎下垂，形成折梢、枯梢，被折部位留有虫粪。幼虫危害果实时，先从萼洼和梗洼处蛀入，逐步向内部钻蛀，啃食果肉。初期在果肉浅层危害，将虫粪从蛀孔排出，蛀孔外围堆积的粪便逐渐变黑、腐烂，形成一块较大的黑疤，俗称“黑膏药”；后期蛀入果心，在果核周围蛀食并排粪于其中，形成“豆沙馅”，果实表面大面积腐烂并易脱落，不耐贮藏(王娇，2015)。

(二)形态特征

成虫：体长5~7mm，翅展10~15mm，雌雄极少有差异。全体灰褐色，无光泽，前翅密被灰白色鳞片，翅基部黑褐色，前缘有8~10组明显的白色短斜纹，近外缘有10个黑褐色小点，中室外缘附近有一白点。

卵：扁椭圆形，直径0.5mm左右，中央隆起，周缘扁平。半透明，初产时淡黄色，3~4天后变为乳白色，快孵化时为银灰色。

幼虫：老熟幼虫体长10~13mm。初孵化时白色，后变成淡红色，头部、前胸盾、臀板均为黄褐色；肛门处有臀栉，有齿4~6根。

蛹：体长6~7mm，黄褐色，纺锤形。腹部第3~7节背面各有短刺2列，第8~10节各具稍大的刺1排，腹部末端有臀棘8根。茧灰白色，扁平椭圆形，长约10mm。

(三)发生规律

梨小食心虫在新疆一年发生3~4代，以老熟幼虫在树干基部、树皮裂缝中、苗木嫁接口处或果实仓库及果品包装边缘结茧越冬。翌年3月中下旬，越冬代幼虫化蛹，4月上中旬开始羽化，4月中下旬达到羽化高峰。第1代幼虫多发生在5月，危害新梢和果实；第2代幼虫发生在6月下旬至7月，严重危害杏李果实；果实采收完后，成虫数量明显减少(英胜，2012)。

(四)防控措施

1. 农业防治

在杏李休眠期，彻底刮除树干和主枝上的老粗翘皮，并清扫果园中的枯枝落叶，集中深埋或烧毁；5~7月在杏李园中经常检查并及时剪除被害新梢、摘除虫果、捡拾落果，集中深埋处理。

2. 诱杀成虫

利用梨小食心虫诱芯或糖醋液，结合诱捕器诱杀成虫。春季杏李开花初期，在树冠背阴处悬挂诱捕器，悬挂高度为1.5~1.8m，每亩等距离悬挂5~10个，诱芯55天更换1次，及时清除糖醋液中

的虫尸及杂物，并补充糖醋液。

3. 化学防治

卵盛期至幼虫孵化初期为梨小食心虫药剂防治的最佳时期，可选用5%甲维盐5000倍液+5%高效氯氟氰菊酯2000倍液或3.6%烟碱苦参碱微囊悬浮剂1000~3000倍喷施液防治，1%甲维盐乳油2000~3000倍液等药剂进行喷雾防治。

注意事项：以上药物要轮换使用，不可一药多次喷施，以防病虫产生抗药性。

4. 生物防治

每代梨小食心虫卵始盛期释放赤眼蜂，每隔3~5天释放1次，每代卵期放蜂3次，每次每亩放蜂30000头。

三、李小食心虫

李小食心虫(*Grapholitha funebrana*)属于鳞翅目(Lepidoptera)卷蛾科(Tortricidae)，别名李小蠹蛾，主要危害李、杏、樱桃、苹果、桃、杏李等多种植物(木尼热·买买提，2021)。

(一)危害症状

李小食心虫主要以幼虫蛀食果实危害，幼虫蛀果前多在果面结网，爬至网下开始蛀果危害，蛀果孔似一针眼状小疤。幼果期果核尚未硬化，幼虫直接蛀入果心取食核仁，造成落果；果实逐渐成熟后，幼虫在果实内纵横串食，粪便排于果内，形成“红糖馅”，受害果实停止生长，颜色逐渐变为紫色，蛀孔口可见锈色颗粒状粪便和水珠状果胶滴出，蛀果多脱落(李宏，2009)。

(二)形态特征

成虫：体长4.5~7mm，体背灰褐色，腹面灰白色。前翅灰色或灰褐色，翅前缘部有18组不明显的白色短斜纹，近外缘处有6~7个黑色短纹，缘毛灰白色。

卵：近圆形，长径0.6mm，表面扁平稍隆起，半透明，乳白色。

幼虫：老熟幼虫体长约12mm，桃红色，化蛹后颜色逐渐变为黄色，腹部颜色较淡；头、前胸背板、臀板黄褐色，腹部尾端具有臀栉5~7根，腹足趾钩21~33个，臀足趾钩13~17个。

蛹：体长6~7mm，褐色，腹背3~7节，每节有两排短刺，前后排列整齐；茧长约为9mm，灰色，纺锤状。

(三)发生规律

李小食心虫在新疆一年发生1~2代，存在滞育及兼育现象，多以老熟幼虫在树冠下土壤中及草丛、石缝等隐蔽处结茧越冬。翌年4月中下旬，开始出现越冬代成虫，第1代成虫出现于6月中下旬，第1代幼虫约从5月初开始蛀果至5月下旬脱果，第2代幼虫从6月初开始蛀果至6月底、7月脱果。成虫具有趋光性和趋化性，昼伏夜出，多在黄昏时产卵，分散产在果面或叶片上。

(四)防控措施

1. 农业防治

在杏李休眠期，彻底刮除树干和主枝上的老粗翘皮，清扫果园中的枯枝落叶，集中深埋或烧毁；成虫出土前，在树盘1.5m范围内，盖10cm厚的土层，并拍实，或者将树盘周围地面清理平整，盖上地膜，边缘用土压实，将出土越冬幼虫封死在地膜下，阻止其出土爬上树干；5~7月在杏李园中经常检查并及时摘除虫果，捡拾落果，集中深埋处理。

2. 诱杀成虫

利用黑光灯、糖醋液诱杀成虫。春季杏李开花初期，在树冠背阴处悬挂黑光灯或糖醋液，悬挂高度为1.5~1.8m，每亩悬挂5~10个，及时清除糖醋液中的虫尸及杂物，并补充糖醋液。

3. 化学防治

卵盛期至幼虫孵化初期为李小食心虫药剂防治的最佳时期，可选用10%吡虫啉可湿性粉剂1000~2000倍液，或者3%啶虫脒乳油2500倍液均匀喷雾；48%毒死蜱乳油1000倍；2.5%高效氯氟氰菊酯(功夫)1000倍；2.0%甲氨基阿维菌素苯甲酸盐(甲维盐)1000倍

等药剂进行喷雾防治，均有良好的防治效果。

四、桃小食心虫

桃小食心虫(*Carposina niponensis*)属鳞翅目(Lepidoptera)蛀果蛾科(Carposinidae)，简称“桃小”，又称桃蛀果蛾，寄主主要有桃、苹果、梨、杏、李、杏李、海棠、樱桃、枣、山楂等。

(一)危害症状

桃小食心虫以幼虫蛀果危害，初孵幼虫从果实萼洼处或者果实胴部蛀入，蛀孔处流出泪珠状透明果胶，俗称“淌眼泪”，果胶干涸后成为白色蜡质粉末，抹去后可见黑色的略微凹陷的针孔大小蛀孔。幼虫蛀入后常直达果心，在果实中纵横串食，在蛀道中排粪，使果实虫道内充满粪便，俗称“豆沙馅”，未充分膨大的果实受害后多变为畸形果，表面凹凸不平，俗称“猴头果”。幼虫老熟后，形成脱果孔，部分粪便常黏附在脱果孔周围(方森森等，2022)。

(二)形态特征

成虫：体灰白色或灰褐色，复眼红褐色，雌虫体长7~8mm，翅展16~18mm；雄虫体长5~6mm，翅展13~15mm；雌虫的下唇须又长又直，向前伸着，形似宝剑；雄虫的下唇须短且向上弯曲；前翅灰白，前缘有一个蓝黑色三角形大斑，基部、中部生有7簇黄褐色或近黑色的斜立鳞毛；后翅灰色，中室后缘有成列的长毛。

卵：深红色，竖椭圆形或桶形，卵壳上有略呈椭圆形不规则刻纹，端部1/4处环生2~3圈“Y”状刺毛。

幼虫：低龄幼虫体色白色或淡黄色，末龄幼虫桃红色，体长15mm左右，腹足趾钩单序环，无臀栉。

蛹：纺锤形，淡黄白色至黄褐色，体长7mm左右，体壁光滑无刺，翅、足及触角端部不紧贴蛹体而游离。

(三)发生规律

桃小食心虫一年发生1~2代，以老熟幼虫在树干周围土壤内结茧越冬。翌年春季平均气温约16℃时，越冬幼虫开始出土，并在地面化蛹，蛹期14天左右。5~7月成虫大量羽化，多在夜间活动，趋光性和趋化性都不明显(张恺月，2016)。6月下旬产卵于果面的萼洼处，7~8月为第1代幼虫危害期。第1代幼虫于7月初至8月下旬陆续老熟脱果，脱果早的在表皮缝隙处结夏茧化蛹，蛹期约8天，8~10月初发生第2代；脱果晚的，幼虫脱果便入土结越冬茧越冬，即一年发生1代。

(四)防控措施

1. 农业防治

土壤结冻前，深翻树盘，破坏桃小食心虫的越冬环境，使越冬幼虫暴露地面冻死，增加越冬幼虫死亡率；在杏李树进入休眠期，彻底刮除树干和主枝上的老粗翘皮，清扫果园中的枯枝落叶，集中深埋或烧毁；成虫出土前，在树盘1.5m范围内，盖10cm厚的土层，并拍实，或者将树盘周围地面清理平整，盖上地膜，边缘用土压实，将出土越冬幼虫封死在地膜下，阻止其出土爬上树干；生长季内在杏李园中经常检查并及时摘除虫果、捡拾落果，集中深埋处理。

2. 物理防治

幼虫脱果前，在树干上绑缚草把，引诱幼虫聚集，再将草把取下进行集中无公害处理。

3. 化学防治

春季根据幼虫出土情况，观测到幼虫连续出土3~5天，数量逐渐增多，在树下地面喷洒5%辛硫磷乳油1000倍液，湿润地表土1~1.5cm，杀死出土的越冬幼虫。幼虫蛀果前，初孵幼虫期为桃小食心虫药剂防治的最佳时期，可选用3.6%烟碱苦参碱微囊悬浮剂1000~3000倍液、2.5%高效氯氟氰菊酯乳油2000~3000倍液、25%甲维灭幼脲悬浮剂1000~2000倍液等药剂进行喷雾防治。

五、桑白盾蚧

桑白盾蚧(*Pseudaulacspis pentagona*)，属半翅目(Hemiptera)盾

蚧科(Diaspididae)，主要寄主有桑、核桃、苹果、梨、李、杏、桃、杏李、樱桃、葡萄等。

(一)危害症状

桑白盾蚧以成虫、若虫群居在枝干上刺吸危害，被害枝条凹凸不平，严重时枝干布满介壳，层层重叠，似覆盖一层棉絮，削弱树势，被害植株发育受阻，致使植株衰弱，甚至全株死亡。

(二)形态特征

成虫：雌成虫宽卵圆形，长径1.7~2.1mm，扁平，淡黄色或橘红色。雌介壳圆形或卵圆形，直径2.0~2.5mm，乳白色或灰白色，中央略隆起，表面有螺旋纹。雄虫体长0.7mm左右，橙色至橘红色，具前翅1对。雄介壳长1mm左右，白色，长筒形，体背面有3条纵沟。

卵：椭圆形，长径约0.3mm，淡黄色。

若虫：1龄活动若虫椭圆形，扁平，淡黄褐色。2龄后固定若虫体扁平，介壳逐渐显现。

(三)发生规律

桑白盾蚧一年发生2代，以受精雌成虫在枝条上越冬，待翌年春季杏李萌动后出蛰危害，虫体迅速膨大，4月中旬开始产卵。第1代若虫5月孵化，爬行分散后固定在2~5年生枝条阴面危害，一周后分泌出毛状白色蜡粉。若虫经两次蜕皮后形成介壳。2龄若虫老熟后进入前蛹期，再脱皮变蛹。蛹羽化变成成虫。7月上旬第1代成虫交配产卵。9月中旬第2代成虫交配产卵，以受精雌成虫在介壳下越冬(何浩等，2011)。

(四)防控措施

1. 农业防治

在杏李休眠期清洁果园，进行树干涂白，剪除虫枝及过密枝，刮除树干和主枝上的老粗翘皮及越冬雌成虫，集中深埋或烧毁。

2. 物理防治

在早春树体发芽前、第1代若虫发生盛期(未分泌蜡质时)，用钢丝刷或硬毛刷对枝条上分布的桑白盾蚧进行刮刷，减少虫口基数。

3. 化学防治

春季杏李发芽前，全园喷洒 5°Bé 石硫合剂，以减少越冬虫口基数。加强虫情预报，第 1 代卵孵化盛期和各代若虫形成介壳前为最佳防治时期，初龄若虫期(即从卵中刚孵化出来到泌蜡初期)喷洒 22%噻虫高氯氟+渗透剂 1200~1500 倍液，或用 22%螺虫乙酯 3000 倍液+渗透剂，每隔 7~10 天喷一次，连续喷 2~3 次。喷药时要注意喷洒均匀。

4. 生物防治

喷洒药剂时注意保护天敌，天敌主要有黑缘红瓢虫、红点唇瓢虫、隐斑瓢虫、螯蜂、普猎蝽以及普通草蛉等，这些天敌对于介壳虫的危害起到很大的抑制作用。

六、叶螨类

叶螨俗称红蜘蛛，属蛛形纲(Arachnida)蜱螨目(Acariformes)，可危害苹果、梨、桃、枣、李、杏、杏李、樱桃等多种果树，常见的种类有山楂叶螨(*Tetranychus viennensis*)、李始叶螨(*Eotetranychus pruni*)、果苔螨(*Bryobia rubrioculus*)、二斑叶螨(*Tetranychus urticae*)等。

(一)危害症状

叶螨主要以成螨和若螨刺吸叶片和花芽进行危害，受害芽不能正常开绽，萎缩脱落。受害叶片正面出现失绿斑点，螨量多时斑点聚集成片，黄绿色至灰白色，严重时叶面布满灰白色丝网，叶片呈红褐色，容易枯焦脱落，使树势衰弱，果实变小皱缩。

(二)形态特征

成螨：体型微小，一般在 0.2~1.0mm 之间，椭圆形或圆形。体呈红、褐、绿、黄绿、橘红等多种体色，随取食物种种类、发育阶段等不同而异。背表皮纹纤细，背部常隆起或背部平直而腹面向

下弯曲或背腹两面均呈扁平状。爪间突一般裂开为3对针状毛，具肛侧毛1对。雄螨体型较小于雌螨，躯体末端尖削，背面观多呈菱形。

卵：圆球形。

幼螨：体透明，具有3对足。

若螨：体色呈红色或黄绿色，4对足，体型明显大于幼螨，腹部毛多于幼螨，无生殖孔。

（三）发生规律

叶螨的生活周期短，繁殖迅速，一般15天即可繁殖1代，一年可完成数代至十数代，对寄主常造成严重危害。主要以受精雌螨在树皮裂缝、枯树落叶及寄主附近的表土缝隙中越冬。春季杏李萌动发芽时，越冬螨开始出蛰，随即取食产卵。第1代幼螨5月上旬出现，成螨主要集中在叶背危害。6~8月高温干旱季节适于害螨发生，为全年危害高峰期，9月下旬害螨密度相对变小，危害至10月中旬陆续以末代受精雌螨潜伏越冬。害螨可凭借风力、流水、昆虫、鸟兽和农业机具进行传播，或是随苗木的运输而扩散。

（四）防控措施

1. 农业防治

在杏李休眠期，深翻树盘基部土壤，破坏害螨越冬场所；进行树干涂白、剪除病虫枯枝、刮除老粗翘皮、清扫枯枝落叶，带出果园集中深埋或烧毁。

2. 物理防治

9月中旬在害螨发生严重的果树下绑扎30cm高的草或废地膜，包住树干基部诱集越冬成螨，翌年3月出蛰前取下束草、地膜，集中烧毁。

3. 化学防治

春季杏李萌芽前，全园均匀喷洒5°Bé石硫合剂，重点喷洒主干、主枝及树盘。5月上中旬，喷洒药剂一次，视园内害螨发生情况10天后可再喷洒一次，此时是防治叶螨的关键时期。前期用5%

阿维菌素4000倍液喷施，爆发期用24%阿维螺螨酯2000倍液喷施，或20%阿维乙螨唑3000~4000倍液喷施，6~8月根据害螨危害状况及发生趋势，酌情决定喷药时间及次数。

4. 生物防治

(1)人工释放捕食螨

5月下旬可在果园内释放捕食螨(钝绥螨)，每株一袋，傍晚或阴天释放。将装有捕食螨的纸袋上方剪一小口，固定在树冠内没有阳光的中上部枝丫处。

(2)保护和利用天敌

果园内生草，改变田间小气候，增加叶螨天敌瓢虫、方头甲、草蛉、塔六点蓟马等的数量。

七、蚜虫类

蚜虫属同翅目(Homoptera)蚜总科(Aphididae)，又称蜜虫、腻虫，是一种广食性害虫，适应性和繁殖能力都很强，短时间即可形成庞大种群。常见的种类有桃蚜(*Myzus persicae*)、桃粉大尾蚜(*Hyalopterus amygdali*)和桃瘤蚜(*Tuberocephal usmomonis*)等。

(一)危害症状

蚜虫主要以成蚜、若蚜群集于嫩茎、幼芽、叶背等部位刺吸取食寄主植物的汁液，造成被害枝叶皱缩卷曲，严重影响新梢生长和正常光合作用，造成杏李长势衰弱。排泄的蜜状黏液后期易滋生真菌，能诱导烟煤病、枯梢病等多种病害的发生。

(二)发生规律

一年发生10~30代，世代交叠危害。以卵在寄主的芽腋、树皮裂缝和小枝杈等处越冬。翌年春季气温上升，花芽膨大露红时，孵化为干母，群集在芽上危害，展叶后多转移到叶背和嫩梢上危害，陆续产生有翅胎生雌蚜向苹果、梨、杂草及十字花科等寄主上迁飞扩散；5月繁殖、危害最为严重，造成新梢扭曲、幼果畸形，生长受到抑制；秋季迁飞到秋寄主并产生有性蚜，交尾产卵越冬。

（三）防控措施

1. 农业防治

杏李休眠期清洁果园，剪除虫枝及过密枝，将枯枝落叶带出果园集中深埋或烧毁；多施有机肥，减少氮肥施用量，抑制秋梢生长，减少回迁蚜虫。

2. 黄板诱杀

在蚜虫的繁殖高峰期、谢花后至初夏，在果园悬挂黄色黏虫板诱杀有翅成蚜，每亩均匀悬挂 15 块，悬挂在距新梢 10~20cm 处。

3. 化学防治

春季杏李萌芽前，全园均匀喷洒 5°Bé 石硫合剂。在初花期，越冬卵大部分孵化但尚未大量繁殖和卷叶时，进行药剂防治，10 天后可再喷洒一次，蚜虫初发期用 80%的烯啶·吡蚜酮 5000 倍液喷施，蚜虫暴发期用 70%啶虫脒+70%吡虫啉 5000 倍液喷施。

4. 生物防治

喷洒药剂时注意保护天敌，蚜虫的主要天敌有异色瓢虫、七星瓢虫、草蛉、食蚜蝇等。

第五章
新疆杏李采收与贮藏

第一节 杏李果实品质

杏李果实色泽艳丽、品质优、贮藏期和货架期差异明显，只有在采收适宜期，分期采收果实品质才能充分表现出来。果实品质的形成是多种环境因素综合作用的结果。果实品质包括食用品质、商品(外观)品质、营养品质、加工品质和贮运品质等。

一、食用品质

食品品质包括肉质(粗细、绵脆、纤维量等)、味道(甜酸、香气)、汁液等，多用口感品尝鉴定，也可以用仪器测出(如糖酸、汁液等)。优质的杏李食用品质应该是甜酸适度、多汁、香气芬芳、爽口的。

二、商品(外观)品质

商品(外观)品质包括果个、色泽、完整性、典型性、新鲜度、光洁度、果实整齐度等。所谓提高品质，主要是指商品品质，它直接影响产品的竞争和销售能力。杏李的外观品质主要表现在果个、着色、果形、光洁整齐度等性状上。

三、营养品质

营养品质包括糖、酸、维生素、无机盐、蛋白质等。目前和今后绿色有机果品是市场主打，由于自然和管理条件差异，绿色有机果品的品质差异悬殊。

四、加工品质

加工品质是指果实加工的适宜性和加工品品质，它主要取决于果实肉质和果肉质地、含糖量等。杏李不同品种果肉在硬度、肉质、甜度、香气等方面均不相同，所以在加工果汁、果酱、果脯、果干方面，都能生产出优质加工品。

五、贮运品质

贮运品质即贮藏性。杏李有一定的贮藏期，品种间差异明显，至于耐运性，杏李需要套袋或打板装箱运输。

第二节　杏李适宜采收时期

杏李成熟适时采收，确定适宜的采收期，不但有利于当年产量、质量的提高，而且对当年成花和翌年开花、坐果、前期树势等都有很大影响。杏李是近年在新疆环塔里木盆地周边区域大面积推广的树种，种植和采收环节均存在不成熟的地方，为满足市场供应，急于销售出去，出现了果个小、着色差、风味不一致、耐储运性差等问题，对商品性有一定影响。虽然售价较高，但对品牌和口碑有一定冲击，所以对适宜采收期和分期采收要有充分的认知。

一、根据果实颜色变化

杏李的皮色由绿色变为品种的固有色，果肉颜色也达到品种固有色，这时汁多味甜，有特有香气，即可采收。

二、根据果实生长天数

果实生长期是指从盛花后期到果实成熟所需的天数。在一定自然和栽培条件下，果实生长天数大致稳定，一般波动 5~7 天。在阿克苏地区，杏李的生长天数因品种不同差异较大。

三、根据果实硬度和可溶性固形物含量

用手持折光仪测定可溶性固形物含量，这个指标可作为确定成熟度的参考。在果实中间线上下相对两处，削去 2mm 厚的果皮，将硬度计以一定速度垂直地压进果肉至深度线为止，读取压力数，如‘恐龙蛋’采摘期的硬度达 10.0kg/cm^2，参考硬度指标，可溶性固形物含量达 17%以上，果肉硬度低于 11.0kg/cm^2 时，即可采收。

四、根据果实呼吸强度

果实在生长发育过程中，其呼吸强度呈曲线变化，即幼果期，细胞急速分裂，呼吸强度最高；到细胞分裂后期和整个细胞膨大期，呼吸强度下降；到接近成熟时，呼吸强度又开始增加，此时为果实呼吸跃变期，达到一定高度后，呼吸强度又逐渐下降。因此可以根据果实成熟前呼吸强度变化特点，确定最适宜采收期。一般认为在呼吸跃变期出现前的 3~4 天，为其适宜采收期。

以阿克苏地区‘风味皇后’‘恐龙蛋’‘味厚’为例，不同采摘时间果实品质单果重、果型指数变化极小，口感和品质内在指标变化明显(表 5-1)。

表 5-1　不同采摘期品质

品种	采摘时间	单果重（g）	颜色	口感	水分含量（%）	可滴定酸度（%）	硬度（kg/cm^2）	可溶性固形物（%）	单宁（%）	果胶含量（%）	纤维素（%）
‘风味皇后’	8月21日	85.00	绿黄	微软，甜	83.00	1.40	14.80	12.00	0.21	0.30	0.46
‘风味皇后’	9月7日	97.90	黄	软蜜甜	82.00	1.10	12.20	18.00	0.18	0.10	0.34
‘恐龙蛋’	8月25日	74.90	黄	微甜	86.00	1.85	15.30	13.80	0.30	0.29	0.31
‘恐龙蛋’	9月10日	82.40	黄红	甜	82.50	1.73	10.70	16.60	0.25	0.13	0.17
‘恐龙蛋’	9月25日	89.20	黄红	蜜甜	82.20	1.56	10.17	21.30	0.24	0.11	0.25
‘味厚’	9月7日	88.60	橘黄	微甜	78.30	1.20	16.00	18.60	0.31	0.01	8.07
‘味厚’	9月17日	91.20	橘黄	甜	74.70	0.82	8.80	19.00	—	—	—
‘味厚’	9月24日	94.30	橘黄	蜜甜	74.30	0.76	4.20	22.00	—	—	—

除上述几种方法之外，还可根据市场的需要、果实用途(鲜食、贮藏、加工等)、贮藏条件、贮藏期、劳力状况等综合确定具体采收期，不能机械地按期采收。

第三节　杏李采收与贮藏

一、采果准备工作

根据采果计划，事先准备好各种采收用具(果篮、果箱、果梯、运输工具)、修平运果道路和准备好果场、果库，确保及时入库。

二、严格培训人员

严格执行操作规范。杏李皮薄，不耐各种外伤，摘果前要剪短指甲，穿软底鞋；采果时要轻摘、轻装、轻卸，尽可能多用梯凳少上树，以保护果实。

三、采果方法

采前应拾净树下落果，减少踩伤。采单果时，用手握住果实底部，拇指和食指按住果柄，向上一抬，果柄与果台分离。采双果时，一手托住其中的一个果，另一只手将另一果采下，然后，再把手托果采下，注意保护果柄。

四、采果顺序

一般是先采树冠下部，后采树冠上部，先采树冠外围，后采树冠内膛。

五、宜选好天气采收

不宜在有雨或露水未干前进行采收，因水滴会使果实发生腐烂。采收时间以气温较低的清晨为好，此时果实内部生物热较低，

利于存贮。采时应将病虫、伤疤果剔除，大小果分开存放。采收过程中要做到“四轻”，即轻摘、轻放、轻装、轻卸，避免造成“四伤”，即指甲伤、碰压伤、果柄刺伤和摩擦伤。

在杏李适宜采收期内，一株树上所结的果实，因其生长部位、果枝状况、果实数量等不同，其成熟度很不一致。如能分批分期采收，不但能使采下的果实都处于相同的成熟度，而且还能提高产量和品质。

一般从适宜采收期开始，分2~3批完成采收任务，第1批，先采树冠外围、着色好、果个大的果实；第2批，在第1批采后3~5天，也选着色好、果个大的采。再隔5~7天，将树上所剩果实全部采下。前两批要占全树70%~80%，第3批果要占20%~30%，采前两批果时，要注意别撞落留下的果实，尽可能减少损失。对于树顶部、高位果，最好采用升降平台采摘果实。

果品呈现出本品种固有的色泽和香气时即可采收。采收时还应考虑到销售情况，如果长途销售，则应提前采收。目前新疆环塔里木盆地周边区域主栽品种为‘恐龙蛋’‘味帝’‘味王’‘风味皇后’‘味厚’‘风味玫瑰’，对10年生不同品种的采收期和贮藏后变化差异研究发现，不同采收期的可滴定酸、含水量、硬度、可溶性固形物、单宁、多酚氧化酶、果胶含量、花青素、纤维素、固酸比等，随着贮藏时间有不同的变化规律，选择合适的贮藏条件和贮藏期有利于保证品质。

六、贮藏条件

对‘风味皇后’‘恐龙蛋’‘味厚’不同采摘期进行不同温度和气体条件下贮藏，表明在温度1~3℃，氧气、二氧化碳和氮气分别为1%~3%，1%~3%和92%~94%的条件下，保存率高。在贮藏过程中，水分等11项指标中呈现不同的变化。水分和花青素指标呈现增加趋势；硬度、可滴定酸度、维生素C、多酚氧化酶、纤维素指标呈现下降趋势；单宁指标则表现为先降低后增加再降低；果胶、可溶性固形物呈现特殊的变化，如‘风味皇后’8 月 25 日贮藏果胶呈下降趋势，9 月 10 日贮藏 30 天果胶增加然后下降；可溶性固形物指标变化为 8 月 25 日贮藏呈现先升后下降，9 月 10 日贮藏一直呈下降趋势。

七、‘风味皇后’贮藏

‘风味皇后’适合贮藏的采摘时间是 8 月 25 日左右，最佳贮藏时间 90 天，果实保存率为 100%，相对应品质指标见表 5-2。

表 5-2 ‘风味皇后’贮藏 90 天品质

采收时间	可滴定酸度（%）	多酚氧化酶［U/（g·min）］	维生素 C（mg/100g）	纤维素（%）	花青素（mg/kg）	果胶（%）	水分（%）	单宁（%）	可溶性固形物（%）	固酸比	硬度（kg/cm²）
8 月 25 日	0.83	33.80	6.20	0.07	25.00	0.02	89.00	0.14	13.90	17.00	7.0

八、‘味王’贮藏

‘味王’适合贮藏的采摘期为 9 月 10 日，最佳贮藏时间 60 天，果实保存率为 50%，相对应品质指标见表 5-3。

表 5-3 ‘味王’贮藏 60 天品质

采收时间	可滴定酸（%）	多酚氧化［U/（g·min）］	维生素 C（mg/100g）	纤维素（%）	花青素（mg/kg）	果胶（%）	单宁（%）	可溶性固形物（%）	固酸比	硬度（kg/cm²）
9 月 10 日	0.93	4.70	6.70	0.16	385.00	0.06	0.44	12.50	13.40	7.10

九、‘恐龙蛋’贮藏

‘恐龙蛋’适合贮藏的采摘期为 8 月 25 日，最佳贮藏时间为 60

天，果实保存率为80%，相对应品质指标见表5-4。

表5-4　恐龙蛋贮藏60天品质

采收时间	可滴定酸度（%）	多酚氧化酶［U/(g·min)］	维生素C（mg/100g）	纤维素（%）	花青素（mg/kg）	果胶（%）	单宁（%）	可溶性固形物（%）	固酸比	硬度（kg/cm²）
8月25日	1.35	4.30	7.10	0.14	17.20	0.11	0.44	12.40	13.00	3.70

十、‘味厚’贮藏

‘味厚’在8月17日至9月24日期间，果实的颜色、果型指数指标的变化不大，但果实口味和质地发生较大的变化，口味由酸到酸甜适中再到甜，质地由较脆到脆最后到松软，在9月24日口味、质地、果实的鲜食性表现最佳。杏李‘味厚’品种在果实成熟期时外部特征的变化不大，尤其外形和颜色的变化不大，口感甜度更难以把握，这对确定果实的采摘期进行存储有较大的难度。经过贮藏试验后，认为阿克苏地区适合‘味厚’贮藏的采摘期为9月10日，最佳贮藏时间为75天，果实保存率为50%，相对应品质指标见表5-5。

表5-5　‘味厚’贮藏75天品质

采收时间	可滴定酸度（%）	多酚氧化酶［U/(g·min)］	维生素C（mg/100g）	纤维素（%）	花青素（mg/kg）	果胶（%）	单宁（%）	可溶性固形物（%）	固酸比	硬度（kg/cm²）
9月10日	0.76	5.62	8.07	0.13	401.00	0.01	0.31	18.10	24.00	10.50

第六章 新疆杏李抗寒研究进展

低温是限制植物分布与生长的重要因素，直接影响到果树可栽植范围。2004 年，杏李首次引入新疆阿克苏地区温宿县进行引种栽培。同时，杏李在阿克苏地区栽培也时常受到低温危害，尤其是近几年随着冬季气温的降低，引种的部分杏李品种因受到冬季低温的危害，常常导致枝梢的损害，个别植株全株死亡，不能安全越冬，冻害致死率呈现升高的趋势，低温冻害严重影响杏李在新疆栽培发展。目前有关杏李在新疆的抗寒生理学研究未见报道，为此项目组进行杏李在新疆阿克苏地区抗寒性的研究，旨在探讨杏李的抗寒机制，丰富杏李抗寒生理学理论，对 6 个杏李品种抗寒性进行排序，确定杏李各品种耐受最低温度，为杏李越冬保护提供理论依据，为杏李在新疆的引种栽培提供服务，对杏李推广栽培具有重要的意义。

试验以杏李 6 个品种 1 年生休眠枝条为材料，设置 5 个低温梯度对枝条进行低温胁迫处理，对杏李低温胁迫后枝条进行各抗寒生理指标测定和复活试验。通过对低温胁迫后枝条进行电导率、脯氨酸含量、丙二醛含量、可溶性蛋白含量、可溶性糖含量等相关抗寒生理指标变化规律测定。采用方差分析和隶属函数等进行评价，得出各杏李品种抗寒性强弱，为杏李在新疆引种栽培提供抗寒性方面的理论依据。

第一节　杏李不同品种抗寒性表现

一、材料与方法

(一)试验地概况

试验地位于新疆阿克苏地区温宿县，试验地区域属大陆性干旱荒漠气候，其特征是降水量稀少，四季分配不均；温差大，寒暑变化剧烈；冬季漫长而寒冷，有逆温层出现；春季较短，升温迅速；夏季炎热而干燥；秋季降温快。春、秋两季冷暖气流交替强烈，多大风降温天气。降水量年际变化大，年平均降水量63.4mm，年蒸发量956.3mm。年平均气温10.1℃，极端低温-27.4℃，年平均日照时数2747.7小时，≥10℃积温2916.8～3198.6℃，无霜期185天。土壤为熟耕地，轻沙壤土、肥沃，利用天山雪水灌溉。

(二)试验材料

试验材料均采自7年生杏李树。试验于12月(-15℃)采集‘恐龙蛋’‘味帝’‘风味玫瑰’‘风味皇后’‘味王’‘味厚’6个杏李品种1年生进入休眠期枝条，供试枝条均要求充分成熟，无病虫害，粗度相近，去掉顶端10cm之后，向下截取30cm长的枝段。

(三)试验方法

将采回的6个杏李品种供试1年生枝条先后用自来水、蒸馏水冲洗干净，用石蜡封闭枝条两端的剪口，每个品种枝条分5份，用干净纱布包好放入塑料袋中，置于40℃的低温保存箱中人工冷冻处理。设-20℃、-25℃、-30℃、-35℃共4个低温梯度，以-15℃为对照。将测试枝条放在低温保存箱中，分别降至目的温度后，每个温度梯度均要保持24小时，再逐步升温至0℃。温度升降速率均为2℃/小时。取出后在室温下放置8小时，进行测定。

杏李枝条电解质渗出率的测定采用电导法，并将各处理温度下的相对电导率用Logistic方程拟合，求拐点温度，即为砧木的低温

半致死温度(LT_{50});可溶性糖采用蒽酮法测定;丙二醛(MDA)含量的测定采用硫代巴比妥酸(TBA)法;可溶性蛋白含量测定采用考马斯亮蓝 G-250 染色法;脯氨酸含量测定采用茚三酮比色法测定;以上测定每处理重复 3 次。

二、评价内容与结果

(一)不同低温胁迫下杏李枝条电解质渗出率的变化

如图 6-1 所示,6 个杏李枝条电解质渗出率随着处理温度的降低,先升后降总体呈"S"形变化,电解质渗出率与温度呈负相关,其中'味王'在-35℃电解质渗出率达到最高 70.45%,'风味玫瑰'在-30℃电解质渗出率达到 66.07%,各品种电解质渗出率在-25℃时值较接近,可能是-25℃的温度对杏李抗寒性是一个温度敏感点,在杏李栽培冬季管理上需要特别注意。根据各品种杏李枝条不同温度下电解质渗出率,可以分析出各品种抗寒力大小依次为'味王'>'风味玫瑰'>'风味皇后'>'恐龙蛋'>'味帝'>'味厚'。

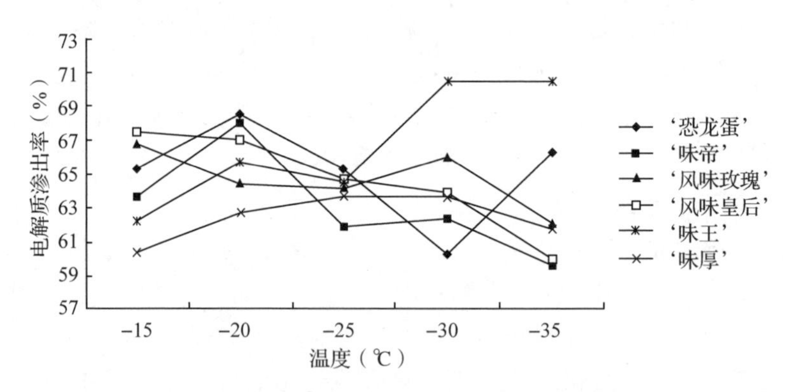

图 6-1 低温胁迫对杏李枝条电解质渗出率影响

(二)不同低温胁迫下杏李枝条可溶性糖含量的变化

如图 6-2 所示,随着温度的降低,0~20℃低温处理下各品种杏李枝条可溶性糖含量急剧增加,温度降至-25℃时,可溶性糖含量增长缓慢,温度继续降低可溶性糖含量开始降低变化不大。不同品

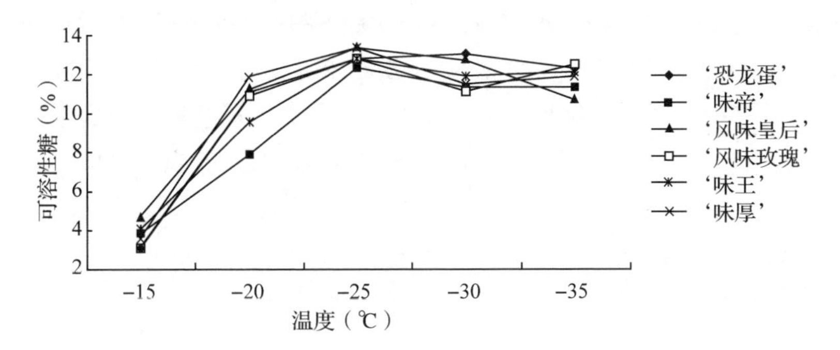

图 6-2　低温胁迫对杏李枝条可溶性糖含量影响

种杏李枝条中可溶性糖含量在-15℃时差异不大，温度降至-20℃时差异显著，随着温度降低可溶性糖含量急剧增加，温度降至-25℃时可溶性糖含量达到峰值，温度继续降低可溶性糖含量微降变化不大。

(三)不同低温胁迫下杏李枝条丙二醛含量的变化

如图 6-3 所示，低温处理后，不同品种杏李枝条中丙二醛含量在-15~20℃时差异不大，温度降至-25℃时急剧增加，除了'恐龙蛋'，其他 5 个品种达到峰值，温度降至-30℃时开始下降，而'恐龙蛋'到-30℃时含量达到峰值。

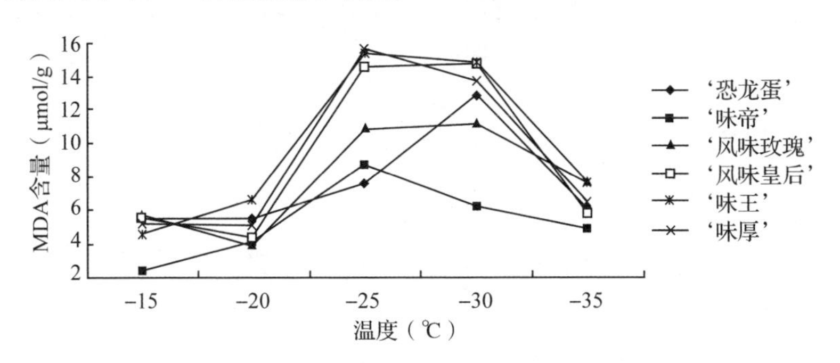

图 6-3　低温胁迫对杏李枝条丙二醛含量影响

(四)不同低温胁迫下杏李枝条可溶性蛋白含量的变化

如图 6-4 所示，各品种杏李枝条可溶性蛋白含量随着温度的降

低呈先降后升的趋势，各品种枝条可溶性蛋白含量在-15℃时差异显著，温度降至-25℃可溶性蛋白含量较低，温度降至-30℃时，可溶性蛋白含量急剧增加，但各品种差别不大，可溶性蛋白含量值较接近，‘味王’在最低温时可溶性蛋白含量最高，其抗寒性最强。

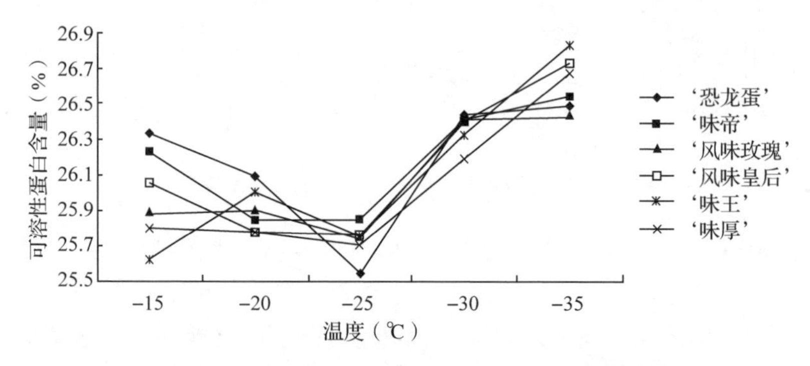

图 6-4　低温胁迫对杏李枝条可溶性蛋白含量影响

(五)不同低温胁迫下杏李枝条脯氨酸含量的变化

如图 6-5 所示，各品种杏李枝条脯氨酸含量随着温度呈先升后降再升的趋势，各品种枝条脯氨酸含量在-15℃时差异显著，温度降至-25℃脯氨酸含量较低，温度降至-30℃时，脯氨酸含量急剧增加，但各品种差别不大，脯氨酸含量值较接近，‘味王’在最低温时脯氨酸含量最高，其抗寒性最强。

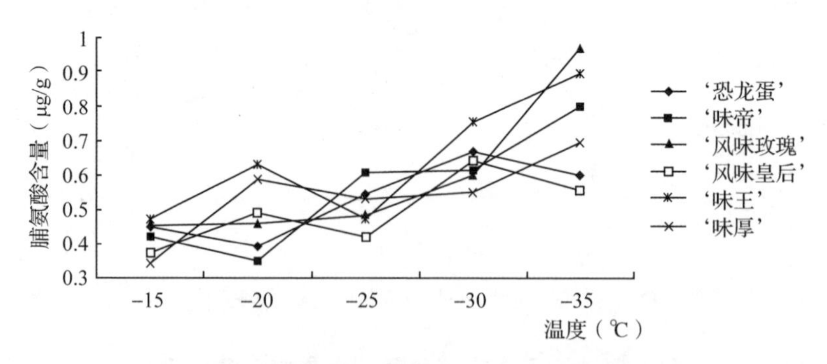

图 6-5　低温胁迫对杏李枝条脯氨酸含量影响

(六)各杏李品种枝条低温胁迫后萌芽率变化

由图6-6可看出，随着温度的降低枝条萌芽率降低。在-15℃和-20℃时变化不大；温度降至-25℃时，枝条萌芽率急剧下降，-30℃虽然稍微升高但不明显，-35℃和-25℃枝条萌芽率差异不大。可以看出，杏李枝条在-25℃的低温时受害开始明显增强。

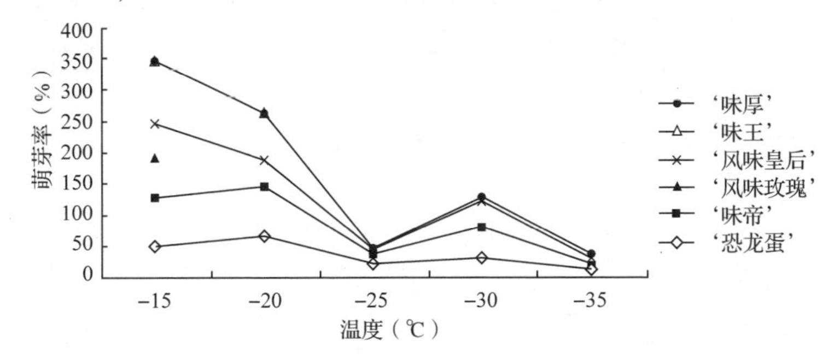

图6-6　低温胁迫对杏李枝条萌芽率影响

(七)各生理指标与温度的关系

由表6-1可看出，各杏李品种可溶性糖含量与温度呈二元函数关系；由表6-2可看出，'风味玫瑰'脯氨酸含量与温度呈二元函数关系，其他5个杏李品种脯氨酸含量与温度呈多项式关系；由表6-3可看出，杏李6个品种可溶性蛋白含量与温度呈多项式关系；由表6-4可看出，'味帝'丙二醛含量与温度呈二元函数关系，其他5个杏李品种与温度呈多项式关系。

表6-1　可溶性糖与温度的关系方程

品种	方程	R
'风味皇后'	$y=-1.175x^2+8.933x-3.796$	0.929
'味帝'	$y=-0.9657x^2+7.6363x-2.964$	0.978
'味王'	$y=-1.0536x^2+8.1604x-2.828$	0.981
'风味玫瑰'	$y=-1.41x^2+9.804x-3.382$	0.991
'恐龙蛋'	$y=-1.3429x^2+10.099x-5.124$	0.980
'味厚'	$y=-1.355x^2+9.747x-3.934$	0.929

表 6-2　脯氨酸含量与温度的关系方程

品种	方程	R
‘风味皇后’	$y=-0.0105x^3+0.0851x^2-0.1398x+0.448$	0.940
‘味帝’	$y=-0.0139x^3+0.1435x^2-0.3384x+0.618$	0.941
‘味王’	$y=0.0154x^3-0.1102x^2+0.2887x+0.2946$	0.901
‘风味玫瑰’	$y=0.059x^2-0.2364x+0.6524$	0.985
‘恐龙蛋’	$y=-0.0339x^3+0.3021x^2-0.7247x+0.9075$	0.999
‘味厚’	$y=0.0349x^3-0.3225x^2+0.9427x-0.3089$	0.988

表 6-3　可溶性蛋白与温度的关系方程

品种	方程	R
‘恐龙蛋’	$y=-0.0442x^3+0.5418x^2-1.844x+27.734$	0.781
‘味王’	$y=0.045x^3-0.3257x^2+0.8593x+25.078$	0.950
‘味帝’	$y=-0.0708x^3+0.7504x^2-2.2288x+27.796$	0.976
‘风味皇后’	$y=-0.0475x^3+0.5618x^2-1.7307x+27.296$	0.982
‘风味玫瑰’	$y=-0.0383x^3+0.4064x^2-1.1152x+26.672$	0.890
‘味厚’	$y=0.0025x^3+0.0904x^2-0.4021x+26.126$	0.985

表 6-4　丙二醛与温度的关系方程

品种	方程	R
‘味帝’	$y=-0.9457x^2+6.3703x-3.446$	0.889
‘风味玫瑰’	$y=-1.0567x^3+8.7857x^2-19.508x+17.29$	0.939
‘恐龙蛋’	$y=-1.1933x^3+9.9993x^2-22.847x+19.722$	0.952
‘风味皇后’	$y=-1.7x^3+13.477x^2-28.083x+21.5$	0.965
‘味厚’	$y=-1.35x^3+10.241x^2-19.269x+15.108$	0.938
‘味王’	$y=-1.1242x^3+8.1311x^2-13.185x+10.486$	0.975

‘恐龙蛋’的可溶性糖含量在-15℃与其他温度有差异，-20℃与其他温度有差异，-25℃和-30℃、-35℃无差异(图 6-7a)；脯氨

酸含量在-15℃与其他温度有差异，-20℃与-25℃有差异，和-30℃、-35℃无差异(图 6-8a)；可溶性蛋白含量-25℃与其他温度有差异，-15℃、-20℃、-30℃、-35℃无差异(图 6-9a)；丙二醛含量在-15℃与-25℃、-30℃有差异，与其他温度无差异，-25℃与-15℃、-30℃有差异(图 6-10a)。

‘味帝’的可溶性糖含量在-15℃与-35℃有差异，-20℃与其他温度有差异，-20℃、-25℃和-30℃、-35℃无差异(图 6-7b)；脯氨酸含量在-15℃与其他温度有差异，-20℃与-25℃、-30℃、-35℃有差异(图 6-8b)；可溶性蛋白含量-20℃、-25℃无差异，但与其他温度有差异，-15℃、-30℃、-35℃无差异(图 6-9b)；丙二醛含量在-15℃与-20℃无差异，-30℃、-35℃无差异，与其他温度有差异，-25℃与其他温度有差异(图 6-10b)。

‘风味玫瑰’的可溶性糖含量在-15℃与其他温度有差异，-20℃与-35℃无差异，但与其他温度有差异，-25℃和-30℃无差异，与其他温度有差异(图 6-7c)；脯氨酸含量在-15℃与其他温度差异显著，-20℃与-25℃差异显著，和-30℃、-35℃无差异(图 6-8c)；可溶性蛋白含量-20℃、-25℃无差异，与其他温度有差异，-15℃、--30℃、-35℃无差异(图 6-9c)；丙二醛含量在-15℃与-35℃无差异，与其他温度有差异，-20℃与其他温度有差异，-25℃、-30℃无差异(图 6-10c)。

‘风味皇后’的可溶性糖含量在-15℃与其他温度有差异，-20℃、-25℃、-30℃、-35℃无差异(图 6-7d)；脯氨酸含量在-15℃与-25℃无差异，-20℃与-35℃无差异，-30℃和其他温度有差异(图 6-8d)；可溶性蛋白含量除-15℃、-25℃无差异外，其他温度均有差异(图 6-9d)；丙二醛含量在-15℃与-20℃无差异，与其他温度有差异，-25℃、-30℃无差异，-35℃与其他温度有差异(图 6-10d)。

‘味王’的可溶性糖含量在-15℃与其他温度有差异，-20℃与其他温度有差异，-25℃和-30℃、-35℃无差异(图 6-7e)；脯氨酸

含量在-15℃与-25℃无差异，-20℃与其他温度有差异，-30℃、-35℃无差异(图 6-8e)；可溶性蛋白含量-25℃与其他温度差异显著，-15℃、-20℃、-30℃、-35℃无差异(图 6-9e)；丙二醛含量在-15℃与-25℃无差异，-20℃与其他温度有差异，-30℃、-35℃与其他温度有差异(图 6-10e)。

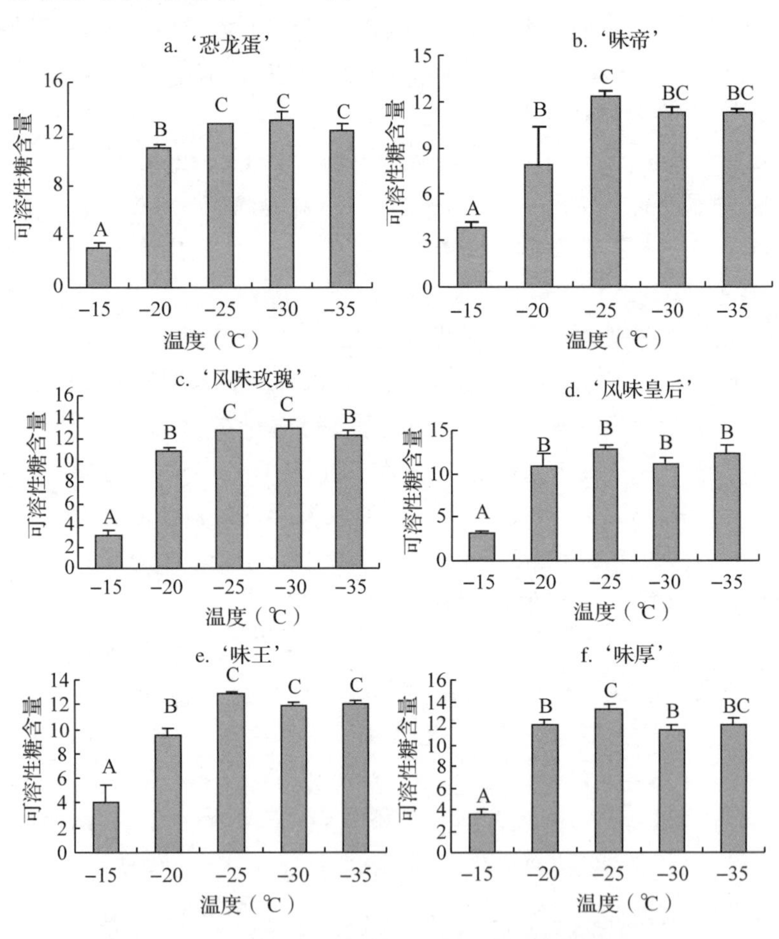

图 6-7　杏李枝条在不同温度下可溶性糖含量差异

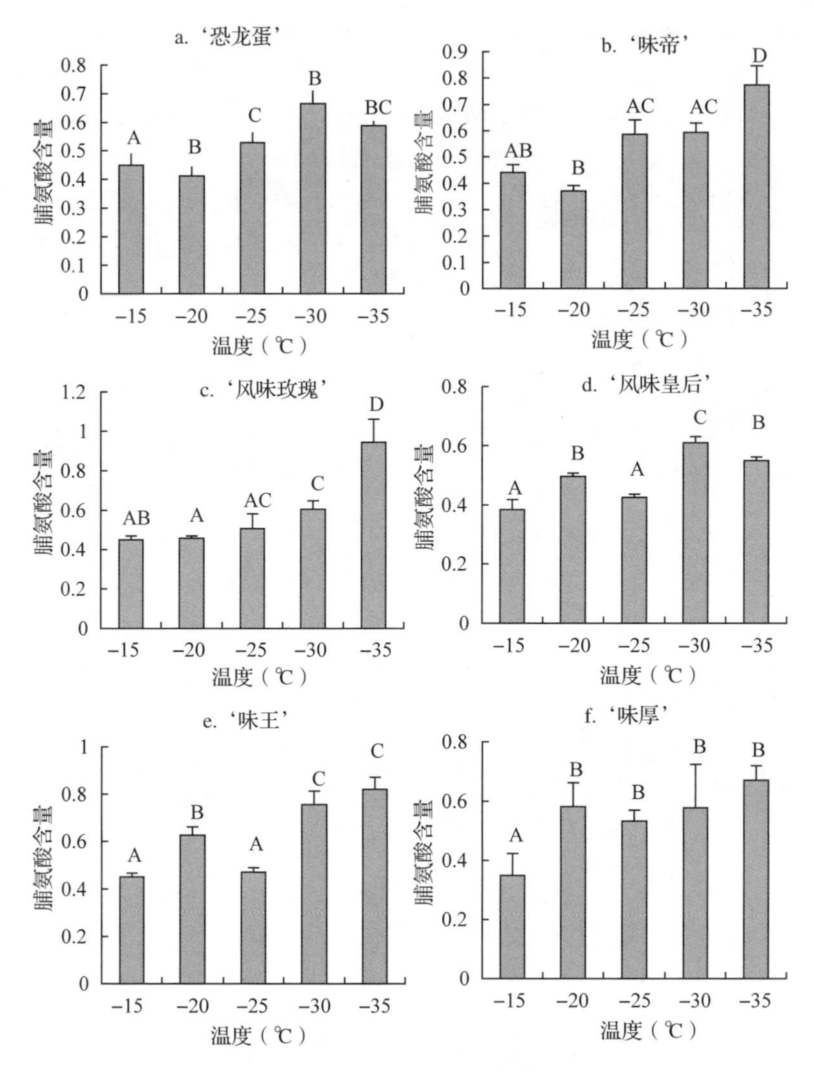

图 6-8　杏李枝条在不同温度下脯氨酸含量差异

‘味厚’的可溶性糖含量在-15℃与其他温度有差异，-20℃和-30℃、-35℃无差异，-25℃与其他温度有差异，与-35℃无差异（图 6-7f）；脯氨酸含量在-15℃与其他温度有差异，-20℃、

-25℃、-30℃、-35℃无差异(图 6-8f)；可溶性蛋白含量-25℃与其他温度差异显著，-15℃、-20℃、-30℃、-35℃无差异(图 6-9f)；丙二醛含量在-15℃与-20℃无差异，与其他温度有差异，-25℃、-30℃、-35℃有差异(图 6-10f)。

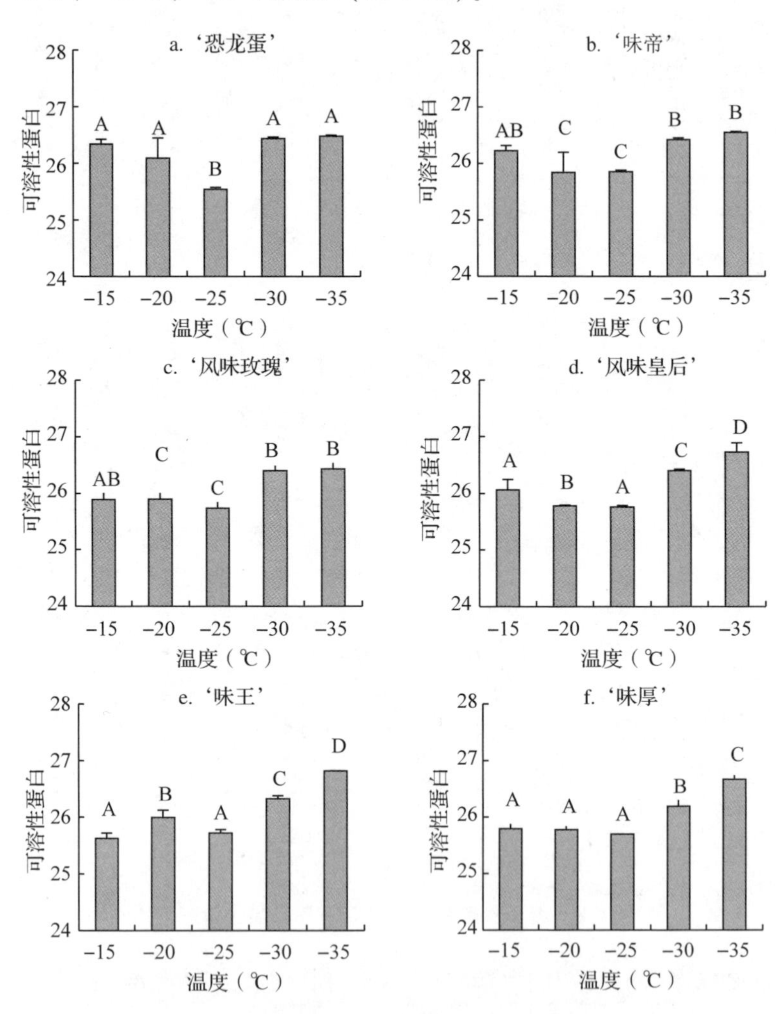

图 6-9　杏李枝条在不同温度下可溶性蛋白差异

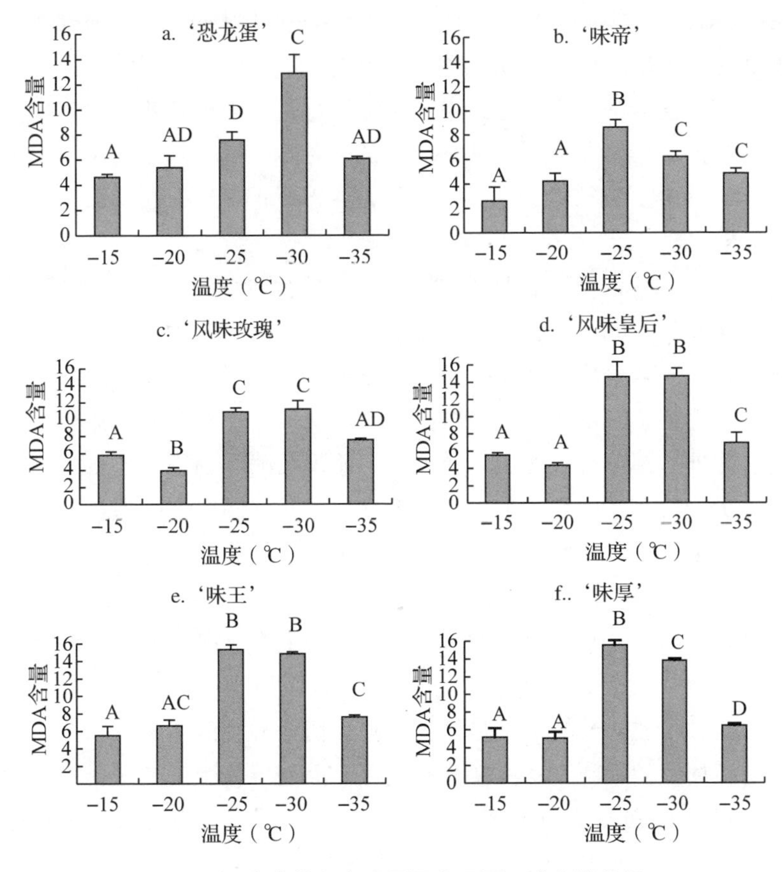

图 6-10　杏李枝条在不同温度下丙二醛含量差异

第二节　杏李抗寒性主要研究进展与结论

低温逆境下，植物细胞膜的选择透性因低温伤害而明显改变或者丧失，细胞内的物质(尤其是电解质)大量外渗，从而引起组织浸泡液的电导率发生变化，通过测定外渗液电导率的变化，就能反映出所测材料抗寒性的大小。本研究通过测试，认为‘味王’抗寒性最强，抗寒性由强到弱依次为‘风味玫瑰’‘风味皇后’‘恐龙蛋’‘味帝’‘味厚’。根据前人研究认为用电导法配合 Logistic 方程求拐点温度能较准确地估计出植物组织的低温半致死温度(LT50)，以此作为评价植物抗寒性指标，半致死温度与抗寒性成负相关。本研究利用此方法得出 6 个杏李供试品种的 LT50，其中‘味王’LT50 最低为-40.14℃，抗寒性最强，而‘味厚’LT50 最高为-31.14℃，抗寒性最弱。

可溶性糖在植物抗寒生理中，可以提高细胞液浓度、降低冰点、缓和细胞质过度脱水、保持细胞质不致遇冷凝固，从而提高植物抗寒性，其含量与植物抗寒性成正相关。本研究试验结果与前人研究结论相符。可溶性蛋白质具有渗透调节、保水及降低冰点的作用。此外，部分可溶性蛋白质还是功能蛋白酶，细胞内可溶性蛋白质含量与抗寒性增长相平行，低温处理期间抑制植物的蛋白质合成会降低植物的抗寒性。人工低温处理过程中则呈先下降后上升再下降的变化趋势。植物器官衰老或在逆境下遭受伤害时往往发生膜脂过氧化作用，MDA 是膜脂过氧化的最终分解产物，是具有细胞毒性的物质，在常温下，植物体内 MDA 含量极少，但遇到逆境伤害时，其含量便会升高，这是植物细胞受伤害程度的指标，其主要作用是破坏植物细胞膜系统，其含量可以反映植物遭受逆境伤害的程度。MDA 能强烈地与细胞内各种成分发生反应，引起对酶和膜的严重伤害，导致膜的结构、生理完整性及许多生物功能分子的破坏。在整个低温处理过程中，MDA 含量呈现出逐渐增加的趋势，这是由于随着胁迫的加深，氧自由基的积累，从而使膜系统的脂质过氧化作用增强，MDA 含量也随之升高，其含量与植物抗寒性成负相关。

杏李各品种抗寒力大小依次为‘味王’>‘风味玫瑰’>‘风味皇后’>‘恐龙蛋’>‘味帝’>‘味厚’，根据各试验数据及图表，结合杏李生产栽培越冬观察，-25℃是杏李栽培敏感温度，在实际生产栽培中，当最低气温临界-25℃时，要及时采取防寒措施，确保杏李安全越冬，同时保证翌年的经济产量不受影响。

参考文献

陈玉玲，夏乐晗，罗剑洪，等，2022. 南疆沙化地区杏李栽培标准化建园技术[J]. 中国果树(12)：64-67.

丁向阳，孙晓辉，2004. 美国杏李种间杂交新品种及引种栽培前景[J]. 林业科技开发(5)：13-16.

董芳园，李洋，周建足，等，2022. 新疆哈密地区杂交杏李主要病虫害与无公害防治措施[J]. 果农之友(11)：68-70，86.

方森森，乔宪凤，苏莎，等，2022. 桃小食心虫的危害及其防治研究进展[J]. 陕西农业科学，68(7)：77-82.

何浩，张步群，胡美绒，等，2011. 核果类果树桑白盾蚧的发生与防治[J]. 西北园艺(8)：32-33.

李芳东，2002. 杏和李子杂交育出水果骄子杏李[J]. 北京农业(12)：27.

李芳东，2006. 农业成果转化资金项目介绍 杏李种间杂交新品种中试及丰产栽培技术[J]. 中国农村科技(8)：53.

李芳东，杜红岩，刘增喜，等，2009. 杏李种间杂交早熟新品种味馨[J]. 中国果树(4)：7-8，77.

李宏，2009. 新疆特色林果主要有害生物[M]. 乌鲁木齐：新疆生产建设兵团出版社.

李纪华，时国超，刘小云，等，2009. 杏李主要病虫害与无公害综合防治技术[J]. 河南林业科技，29(3)：113-114，116.

李卫，巴图巴雅尔，2017. 塔里盆地绿洲杏李苗木繁育技术[J]. 陕西林业科技(2)：120-122.

梁玉秋，王志，刘久成，等，2007. 杏李‘风味玫瑰’温室高效栽培技术

[J]. 北方果树(4)：27-28.

廖康，殷传杰，王建友，等，2011. 新疆特色果树栽培实用技术(上册)[M]. 乌鲁木齐：新疆科学技术出版社.

凌晓明，赵辉，2012. 美国杏李引种栽培现状、存在问题及建议[J]. 河北果树(3)：4-5，11.

刘威生，章秋平，马小雪，等，2019. 新中国果树科学研究 70 年——李[J]. 果树学报，36(10)：1320-1338.

马玉娴，蒋萍，2011. 杏树流胶病的发生与防治研究[J]. 新疆农业科学，48(10)：1846-1850.

木尼热·买买提，2021. 杏园主要食心虫发生动态监测及迷向防控效果评价[D]. 乌鲁木齐：新疆农业大学.

彭文云，杨邦伦，胡平正，2003. 美国杂交杏李优良品种简介[J]. 四川农业科技(5)：16.

亓振翠，2007. 风味玫瑰杏李日光温室栽培丰产技术[J]. 农业工程技术(温室园艺)(8)：56-57.

桑文，高俏，张长禹，等，2022. 我国农业害虫物理防治研究与应用进展[J]. 植物保护学报，49(1)：173-183.

孙海龙，邵静，鲁晓峰，等. DB21/T 3739—2023 辽宁省李苗木繁育技术规程地方标准.

王娇，2015. 糖醋液对梨小食心虫的引诱作用及其机理研究[D]. 保定：河北农业大学.

魏雅君，徐业勇，冯贝贝，等，2017. 不同化学疏花剂对杏李果实品质的影响[J]. 新疆农业科学，54(1)：51-59.

魏雅君，徐业勇，冯贝贝，等，2017. 杏李品种授粉亲和性研究[J]. 果树学报，34(2)：204-214.

吾买尔江·亚森，王瑾，2017. 伊犁河谷杏李高产栽培技术[J]. 现代农业科技(14)：65，68.

吴雪海，2017. 北疆春尺蠖发生动态及防治技术研究[D]. 石河子：石河子大学.

严毅，李贤忠，杨志明，2011. 我国美国杏李栽培现状及发展对策[J]. 林业调查规划，36(2)：120-123.

杨飞，韦茜，刘朝英，等，2011. 美国杏李种植管理技术[J]. 中国园艺文摘，27(3)：155-156.

杨留成，霍瑞庆，杨艳丽，等，2007. 美国杏李设施无公害栽培综合技术[J]. 中国农村小康科技(4)：41-42.

英胜，2012. 新疆林业有害生物图谱[M]. 北京：中国林业出版社.

余德亿，姚锦爱，黄鹏，等，2013. 细菌性穿孔病对李树叶片蛋白质和氨基酸含量的影响[J]. 植物保护，39(5)：181-185.

张恺月，2016. 桃小食心虫产卵表面特性及萼洼覆盖防治法研究[D]. 沈阳：沈阳农业大学.

周建会，2014. 昌吉地区杂交杏李越冬保护地栽培试验[J]. 新疆农垦科技，37(7)：20-21.

附录　杏李栽培技术规程

（DB 65/T 4510—2022）

前言

本文件按照 GB/T 1. 1—2020《标准化工作导则第 1 部分：标准化文件的结构和起草规则》的规定起草。

本文件由新疆林业科学院提出。

本文件由新疆维吾尔自治区林业和草原局归口。

本文件起草单位：新疆林业科学院。

本文件主要起草人：徐业勇、王明、杨红丽、王宝庆、巴合提牙尔·克热木、巴图、王唯佳、虎海防、孙雅丽、帕提古丽·买买提吐尔逊、刘珩、蒋腾。

本文件实施应用中的疑问，请咨询新疆林业科学院。

对本文件的修改意见建议，请反馈至新疆维吾尔自治区林业和草原局（乌鲁木齐市黑龙江路 12 号）、新疆林业科学院（乌鲁木齐市安居南路 191 号）、新疆维吾尔自治区市场监督管理局（乌鲁木齐市新华南路 167 号）。

新疆维吾尔自治区林业和草原局联系电话：0991-5813240；传真：0991-5813240；邮编：830000

新疆林业科学院联系电话：0991 - 4644959；传真：0991 - 4644959；邮编：830000

新疆维吾尔自治区市场监督管理局联系电话：0991-2818750；传真：0991-2311250；邮编：830004

杏李栽培技术规程

1 范围

本文件规定了杏李适生栽培区立地条件、建园、病虫害防治、冻害预防和采收及采后处理等栽培技术。

本文件适用于阿克苏、喀什、和田及环境条件相似的适生栽培区域中杏李的栽培。

2 规范性引用文件

下列文件中的内容通过文中的规范性引用而构成本文件必不可少的条款。其中，注日期的引用文件，仅该日期对应的版本适用于本文件；不注日期的引用文件，其最新版本(包括所有的修改单)适用于本文件。

GB/T 191—2008 包装储运图示标志

LY/T 2035—2012 杏李生产技术规程

NY/T 393—2020 绿色食品农药使用准则

3 术语和定义

下列术语和定义适用于本文件。

杏李 *Prunus domestica×armeniaca*

杏和李经过杂交育成的种间杂交类型。

4 适生栽培区立地条件

4.1 气候条件

野生山桃砧嫁接杏李品种休眠期(冬季)适应极端气温≤-25℃；新疆毛桃砧嫁接杏李品种休眠期(冬季)适应极端气温≤-22℃；开花期(4 月上旬至 4 月中旬)日平均气温稳定在 12~15℃；

年积温 ≥ 3500℃；全年日照时数 ≥ 2500 小时；全年无霜期 ≥ 165 天。

4.2 土壤条件

杏李种植应选择土层深厚、肥沃，通透性良好的沙壤土或壤土，土壤 pH 值 ≤ 8.2，含盐总量 ≤ 0.25%。地下水位 > 1.5m。

5 建园

5.1 防护林配置

四周主林带一般配置 4~6 行，主风向林带加宽为 8~10 行，乔灌结合。副林带配置 2~4 行。

5.2 整地

栽植园全面整地，撒施腐熟农家肥，耕翻 30~35cm 后耙平。

5.3 主栽品种确定

5.3.1 根据市场需求确定主栽品种见附录 A，相应配置授粉品种见附录 B。

5.3.2 主栽品种与授粉品种实行行间配置，主、授品种配置比例 1∶1~4∶1。

5.3.3 栽植密度：栽植株行距为 3m×5m 或 3m×4m，每公顷 675~840 株(每亩 45~56 株)。

5.4 栽植时期

春季栽植，在土壤解冻后芽萌动前和萌动时(3 月中下旬)进行；秋季栽植，在苗木落叶后至土壤封冻前(11 月上中旬)进行，苗木主干埋土高 30cm。

5.5 栽植方式

5.5.1 栽植

南北向开沟，宽 80cm，沟深 20~30cm，标定栽植点后，在沟中间挖穴 80×80cm，将腐熟的农家肥 8~12kg 和土混合放入穴内，填土 10~15cm，将杏李苗放到穴内，舒展根系，然后填土。栽植深度不应超过 30cm，栽植深度不应超过嫁接口部位。

5.5.2　铺黑色塑料布或园艺地布

顺栽植沟铺宽 80~100cm、厚 0.05~0.07mm 黑色塑料布或园艺地布，然后在黑色塑料布上覆盖 3~5cm 厚的土。

5.6　土、肥、水管理

5.6.1　土壤管理

无间作园地土壤生长季灌水后中耕 3~5 次，深度 10~15cm。

5.6.2　间作

幼树期，行间应间作浅根系的矮秆作物(豆科作物或绿肥)。

5.6.3　施肥

5.6.3.1　基肥

以有机肥为主，可适当加入磷钾肥。果实采收后至落叶前施入，每年每公顷施基肥 30000 ~ 450000kg(每亩施基肥 2000 ~ 3000kg)；采用树行两侧树冠投影下开挖深 50~60cm、宽 30~40cm 的沟或槽施入。

5.6.3.2　追肥

5.6.3.2.1　每年追肥 2 次。每公顷施氮磷钾肥 300~450kg，萌芽前以氮肥为主(氮含量占 70%)；硬核期(5 月下旬至 6 月上中旬)磷钾肥为主(磷钾含量占 70%)。长势偏弱的果园可适当加大施肥量。施肥方式可沟施或冲施。

5.6.3.2.2　叶面喷肥：在果实膨大期(4 月下旬至 5 月下旬)、硬核期、果实采收后，分别喷施 0.2%尿素水溶液+0.2%磷酸二氢钾水溶液 2~3 次。

5.6.4　灌水

采用沟灌、滴灌等。应在萌芽前、抽枝、果实发育、花芽分化、果实成熟前硬核期和土壤封冻前各浇水 1 次；果实采收前 20 天不应浇水(防止裂果)。沟灌每年灌水 5~7 次，灌水量 600m^3；滴灌每年灌水 18~22 次，灌水量 360~440m^3。

5.7 花、果管理

5.7.1 辅助授粉

每公顷放蜂不少于 7 箱，放蜂时间，4 月上中旬(以花期为准)。

5.7.2 喷布清水、硼、尿素

在初花期至盛花期，喷布清水或 0.2%尿素+0.2%硼砂。幼果期喷 0.2%的尿素水溶液和 0.2%的磷酸二氢钾水溶液。

5.8 整形修剪

5.8.1 树形

5.8.1.1 多主枝开心形

树高 3.5m 以内，主干高 50cm，50~80cm 不同方向均匀保留主枝 4 个或 5 个，呈开心形，每个主枝长度控制在 2.8m 以内。

5.8.1.2 疏散分层形

树高 3.5m 左右，主干高 50cm，第 1 层 3 个主枝，枝间距 30~40cm，第 1 层与第 2 层层间距 60~80cm，第 2 层 2 个主枝，枝间距 40~50cm，3.5m 以上落头开心。

5.8.2 幼树整形

5.8.2.1 多主枝开心形整形

栽植后定干高度为 80cm，主干 50cm 以下枝条全部剪除，50~80cm 为整形带，幼树期(4 年以下)留 5~7 个主枝，丰产期(4 年以上)保留 4 个或 5 个主枝。生长期主枝枝条长至 50~60cm 时摘心，摘心后顶端长出 2 个或 3 个新梢，长至 5~8cm 时，保留 1 个向外生长的新梢，其余的剪去，新梢长至 50~60cm 时再次摘心。

5.8.2.2 疏散分层形整形

栽植后定干高度为 80cm，剪口下留 5~8 个饱满芽，当年主枝留长度 50~60cm，侧枝 20~30cm，逐年选留各层主枝和侧枝，主侧枝以外的枝条做为辅养枝，采取短截或长放，逐年培养成结果枝组，杏李建园当年植株管理技术示意图见附录 C。

5.8.3　夏季修剪

5.8.3.1　修剪要求

夏季修剪主侧枝摘心，疏除过密枝、主枝上的强旺枝和徒长枝等。

5.8.3.2　主枝摘心

春季待萌发的枝条长到50~60cm时，选3个或4个方位好，上下间隔合适的新枝作主枝，在50~60cm处摘心，促发侧枝。其他多余的枝条不需管理。

5.8.3.3　拉枝

8~9月中旬前拉枝促果，拉枝角度腰角60°~80°。其他有空间的枝条可做为辅养性枝，拉枝时可以拉平，以抑制生长，促其形成花芽，以利早结果。

5.8.3.4　疏除

盛果期，结果枝组过密时适当疏剪，去弱留强，去小留大，去直立留平斜。为控制结果部位上移外移，各类枝组的回缩修剪要交替进行。内膛选留预备枝，使其转化为结果枝。

5.8.3.5　枝组更新

当树冠上部和外围结果枝组开始干枯，产量显著下降，主枝和侧枝上的隐芽萌生徒长枝时，应进行更新修剪。进行骨干枝的回缩修剪，使其能够复壮，利用新萌发的枝条，更新恢复枝组。

6　病虫害防治

6.1　杏李主要病虫害有：春尺蠖、红蜘蛛、介壳虫、食心虫、流胶病、细菌性穿孔病等。

6.2　病虫害防治方法见附录D。

6.3　杏李病虫害防治在果实采收前30天不应使用化学农药，在杏李生长期所有农药使用应符合NY/T 393—2020的规定。

7 冻害预防

7.1 延迟花期

采用早春灌溉延缓土壤升温，用5倍石灰乳树干涂白延缓树体升温。

7.2 熏烟

花期，气温降至0～5℃并有持续下降趋势时，点燃草堆或烟雾剂。

7.3 化学措施

发芽前喷200倍高脂膜或500～1000mg/L青鲜素水溶液等，增强花期抗冻能力。

7.4 休眠期冻害

采取合理的灌水措施，生长季前期加强肥水管理，后期应控制肥水的供给，每年8月20日前停止灌溉，促进枝条成熟老化。

8 采收及采后处理

8.1 采收指标

当果实体积停止增大，呈现出本品种特有的色、香、味等主要特征时，即可采收。

8.2 采收方式

8.2.1 运销到外地或用于贮藏的杏李果实应在达到采收成熟度时采收；在本地或近距离销售的应在达到食用成熟度时采收。采收应在晴天低温时期进行；采摘者应戴手套，用手指拿果实稍作旋转即可，做到轻拿轻放，避免碰伤果面。

8.2.2 果实采下后进行分级包装。采果筐、篮内壁应用柔软物铺垫。每筐、篮容量不超过10kg。应人工采收，避免杏果重叠挤压。

8.3 分级

果实分级按LY/T 2035—2012执行。

8.4 包装

8.4.1 近距离销售的，包装容积宜为5~6kg；远距离销售的，包装容积宜为2~3kg。包装箱采用扁形箱，其高度为2层或3层果高度。包装容器要有通风散热孔。

8.4.2 同一批货物的包装标志应在形式和内容上一致。在果箱的外部印刷或贴上不易抹掉的文字和标记，必须字迹清晰，容易辨认。还应标明产品名称、产地、采摘日期、包装日期、生产单位和产品等级。按GB/T 191—2008执行。

8.5 贮藏

采收后应先预冷，贮藏适宜温度3~5℃，湿度90%~95%。

附录 A
(资料性)
各杏李品种特性

各杏李品种特性的相关信息见表 A. 1。

表 A. 1　各杏李品种特性

主栽品种	品种特性
‘恐龙蛋’ (*Prunus domestica*‘Konglongdan’)	果实近圆形，成熟期 8 月下旬至 9 月初。平均单果重 126g，最大单果重 180g。成熟后果皮黄红伴有斑点，果肉红色，肉质脆，核极小，粗纤维少，液汁多，风味酸甜，品质极佳，含可溶性固形物 19%~23%。耐贮运，常温下可贮藏 15~30 天，1~3℃低温可贮藏 3 个月
‘味帝’ (*Prunus domestica*‘Weidi’)	果实扁圆或近圆形，果顶稍尖，似桃形。成熟期 7 月初。平均单果重 98g，最大单果重 135g。成熟后果皮浅紫色带有红色斑点，果肉鲜红色。质地细，粗纤维少，果汁多，味甜，香气浓，品质极佳。含可溶性固形物 19%~23%。耐贮运，常温下可贮藏 15~20 天，1~3℃低温可贮藏 2~3 个月
‘味厚’ (*Prunus domestica*‘Weihou’)	果实扁圆或近圆形，成熟期 9 月下旬至 10 月上旬。平均单果重 122g，最大单果重 168g。成熟后果皮紫黑色，有蜡质光泽，果肉橘黄色，质地细，核极小，果汁多，味甜，有香气，品质佳，含可溶性固形物 19%~22%。耐贮运，常温下可贮藏 15~30 天，1~3℃低温可贮藏 3~5 个月
‘风味皇后’ (*Prunus domestica*‘Fengweihuanghou’)	果实扁圆形或近圆形，成熟期 8 月中下旬。平均单果重 121g，最大单果重 145g。成熟后整个果皮橘黄色，果肉金黄色，质地细，核极小，粗纤维少，果汁多，风味甜，香气浓，品质极佳，口感好。含可溶性固形物 19%~20.2%。耐贮运，常温下可贮藏 15~20 天，1~3℃低温可贮藏 3 个月，该品种抗性强，病虫害少
‘风味玫瑰’ (*Prunus domestica*‘Fengweimeigui’)	果实扁圆形，成熟期 6 月下旬。平均单果重 85g，最大单果重 128g。成熟后果皮紫黑色，果肉鲜红色。质地细，粗纤维少，果汁多，味甜，香气浓，品质佳。含可溶性固形物 13%~15.6%。耐贮运，常温下可贮藏 10~15 天，1~3℃低温可贮藏 1~2 个月

（续）

主栽品种	品种特性
‘味王’（*Prunus domestica* ‘Weiwang’）	杏基因占25%，李基因占75%，果实近圆形，果顶稍尖突起。似桃形，果皮紫红色，光滑，具果点，果面覆果粉，果肉红色；离核；风味浓甜，糖度高，可溶性固形物含量17.4%~21.0%，具有浓郁的玫瑰香味，品质上等。平均单果重90g，最大单果重135g。中晚熟，8月中下旬成熟。耐贮运，常温下贮藏15~30天，2~5℃可贮藏2~3个月。树冠较小，树姿半开张。栽后第2年结果，第4年进入丰产期，平均亩产2000kg以上，盛果期20年以上

附录 B
(资料性)
各杏李品种适宜授粉品种

各杏李品种适宜授粉品种的相关信息见表 B. 1。

表 B. 1　各杏李品种适宜授粉品种

栽植品种	适宜授粉品种
‘恐龙蛋’	‘风味皇后’‘味帝’‘味厚’
‘味帝’	‘恐龙蛋’‘风味皇后’
‘味厚’	‘风味皇后’‘恐龙蛋’
‘风味皇后’	‘恐龙蛋’‘味帝’‘味厚’
‘风味玫瑰’	‘风味皇后’‘味帝’‘恐龙蛋’
‘味王’	‘恐龙蛋’‘味帝’‘味厚’

附录 C
(资料性)
杏李建园当年植株管理技术示意图

杏李建园当年植株管理技术示意图由图 C. 1 所示。

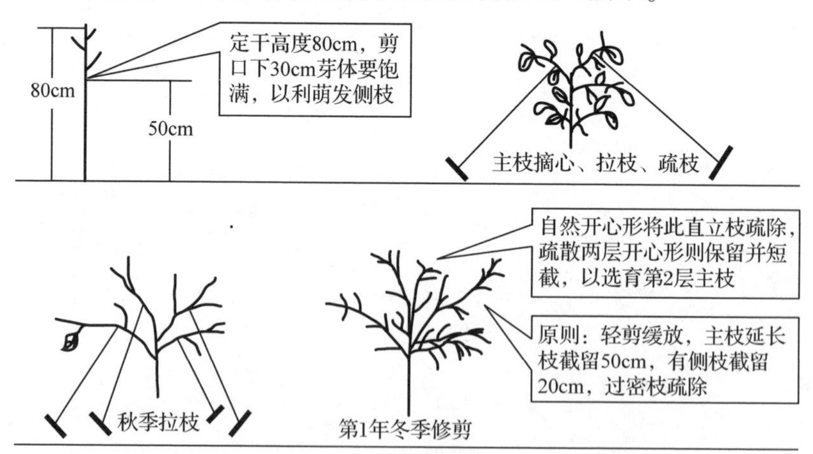

图 C. 1　杏李建园当年植株管理技术示意图

附录 D
(规范性)
杏李年周期栽培技术要点

杏李年周期栽培技术要点的相关信息见表 D.1。

表 D.1　杏李年周期栽培技术要点

月份	物候期	管理内容 (时间仅供参考)	技术操作要点
1～2月	休眠期	1. 冬季修剪(1月中下旬至3月下旬) 2. 树体喷药(1月中旬至2月中旬) 3. 树干涂白(1月中下旬至11月中旬) 4. 翻树盘(10月下旬至11月上中旬)	整形采用多主枝开心形，疏散两层开心形；休眠期树体喷布3°～5°Bé的石硫合剂，杀除多种病菌(萌动发芽后慎用该药) 树干涂白可有效减轻日灼和冻害，涂白剂配方为：1.5kg生石灰、5kg水、0.25kg硫黄粉、0.25kg食盐和少许油脂，配制时先将石灰化开，将油脂放入并充分搅拌，再加入食盐和水拌成石灰乳，最后加入硫黄粉和剩余水搅拌均匀
2～3月	萌芽前	1. 浇萌动水(2月中旬至3月下旬) 2. 施促花肥(3月下旬至4月上旬)	萌芽前应浇一遍透水，每亩施20～30kg氮磷钾复合肥，以促进花芽萌动
3～4月	萌芽期	1.3～4月防治春尺蠖，细菌性穿孔病 2.4月下旬防治食心虫	早春3月初将粘虫胶涂于贴有胶带的杏李树干上，主要防治针对沿树干向上或向下爬行转移的红蜘蛛、春尺蠖害虫 在3月中旬用70%托布津粉剂1000倍液+65%的代森锰锌可湿性粉剂500～800倍液或50%的多菌灵可湿性粉剂800～1000倍液喷雾。及时刮除病斑，涂抹5°～10°Bé的石硫合剂进行保护

（续）

月份	物候期	管理内容 （时间仅供参考）	技术操作要点
4～5月	开花期	1. 辅助授粉（4月上旬至下旬） 2. 叶面喷肥（4月下旬至5月下旬） 3. 疏蕾疏花（4月中旬至5月下旬） 4. 预防李小食心虫和介壳虫	盛花期采用放蜂或人工采集花粉的方法辅助授粉能显著提高坐果率 在初花期至盛花期，喷布清水或0.2%尿素+0.2%硼砂，间隔5～7天连喷2次，能显著提高坐果率 花期进行疏蕾疏花和花枝复剪，疏除细弱花枝、过密花芽 食心虫一般在花后4～6月开始危害，可采用50%的杀螟松乳液1500倍和敌杀死进行喷雾，对卵及羽化的成虫都有良好的杀灭效果 在卵孵化始盛期、盛末期分别喷一次农药，用药：25%蚧死净乳油1000倍液进行喷布。幼果期喷0.2%的尿素水溶液和0.2%的磷酸二氢钾水溶液2～3次
5～6月	果实膨大期	1. 疏果（5月上旬至中旬） 2. 除萌蘖，抹副梢 3. 扶直中心干 4. 拿枝软化，控制新梢生长 5. 摘心（5月上旬至中旬） 6. 疏枝（5月上旬至6月上旬） 7. 植物生长调节剂的喷施（5月中旬至7月下旬） 8. 红蜘蛛的预防（5月中旬至6月下旬）	疏果应在盛花期后20天进行，留果量：长果枝留2果或3果，中果枝留1果或2果，2个或3个短果枝留1果；外围上部枝条适当多留，下部、内膛结果枝少留，强枝强树多留，弱枝弱树少留；定果后杏李的叶果比要保持在20：1～40：1 随时抹去萌蘖，以集中养分，供主干萌发生长。主干上距地面50cm以下的副梢抹去，50cm以上的副梢均匀选留，培养成翌年的结果枝 副梢长到40～50cm时，要对其拿枝软化，使之呈水平或略微下垂 对于生长势强旺的副梢和结果枝，可在新梢生长20～30cm摘心 果实生长期内应注意随时将树体内部的过密枝、徒长枝疏除，以利通风透光。疏除生长过旺、过粗的副梢和结果枝 幼树期在7月、8月、9月中旬前，各喷1次300～500mg/L多效唑。可控制新梢生长，促进花芽形成 在5月上旬至6月，用2%阿维菌素喷布预防红蜘蛛危害大面积发生

（续）

月份	物候期	管理内容 (时间仅供参考)	技术操作要点
7～8月	果实膨大期	1. 6~8月防治桃小、梨小食心虫 2. 防治流胶病、细菌性穿孔病(9月中旬至10月中旬) 3. 果实增重(5月中旬至6月中旬) 4. 浇果实膨大水(5月上旬至8月上旬)	杏李果实生长期内发生的虫害主要有食心虫、红蜘蛛等危害。6~8月可用氯氰菊酯和60%的克螨特进行防治 在9~10月用70%托布津粉剂1000倍+65%的代森锰锌可湿性粉剂500~800倍液或50%的多菌灵可湿性粉剂800~1000倍液喷雾。及时刮除病斑，涂抹5°~10°Bé的石硫合剂进行保护 增重肥以磷肥钾肥为主配合氮肥，果实膨大期(4月下旬至5月下旬前)每亩施40kg磷钾肥 果实膨大期应浇一次透水，其他时期应视降水情况及时灌水 在7~8月红蜘蛛危害高峰期采用60%的克螨特进行喷布防治
6～8月	着色期	防鸟危害	果实着色后，鸟类危害严重，应加强看护，面积小的园可架网防鸟
6～8月	果实成熟采收期	1. 适时采收 2. 合理采收	果品呈现出本品种固有的色泽和香气时即可采收。采收时还应考虑到销售情况，如果长途销售，则应提前采收 采收时期：'风味玫瑰'为6月底；'味帝'为6月底至7月初；'风味皇后'为8月15~20日；'恐龙蛋'为8月底至9月初；'味厚'9月底至10月初(注：阿克苏市时间，供参考)。果实采收前20天，应停止灌溉，防止果实裂果、落果 采收时间以气温较低的清晨为宜，此时果实内部生物热较低，利于存贮。采时应将病虫、伤疤果剔除，大小果分开存放。采摘时应轻拿轻放，避免碰伤

（续）

月份	物候期	管理内容 （时间仅供参考）	技术操作要点
9～11月		1. 控制浇水，预防冻害和抽条（8月至9月中旬） 2. 拉枝（8月至9月中下旬） 3. 秋施基肥（9月下旬至11月上旬）	幼树期间，8月底至9月初，园地应控制土壤含水量，促进枝条木质化，防止冬季发生冻害和抽条 8月至9月中旬应进行拉枝，主侧枝拉枝角度一般宜为60°～80°，辅养枝、临时枝，拉枝时可拉平。‘风味皇后’‘风味玫瑰’枝条较软，拉枝时角度应小，以果压冠 果实采收后至11月上旬，于树行两侧开挖深50～60cm、宽30～40cm的沟或槽，每亩施腐熟有机肥2000～3000kg，秋施基肥应和扩穴相结合，逐年向行外扩
11～12月	休眠期	1. 浇封冻水 2. 清理果园 3. 冬季修剪	11月下旬，土壤封冻前浇封冻水，有利于杏李安全越冬 休眠期内，应及时清除田间杂草、摘除病虫果、僵果、剪除病死枝、枯枝，以消除病虫越冬寄主 整形修剪。杏李幼树对修剪反应都比较敏感，且萌芽率高，抽枝力强，易发徒长新枝，因此在冬季修剪时应轻剪缓放，以疏为主，不宜过重修剪

病　虫　害

梨小食心虫危害症状

梨小食心虫危害症状

李小食心虫危害症状

流胶病危害症状

‘风味皇后’

花

果实

果实横切面

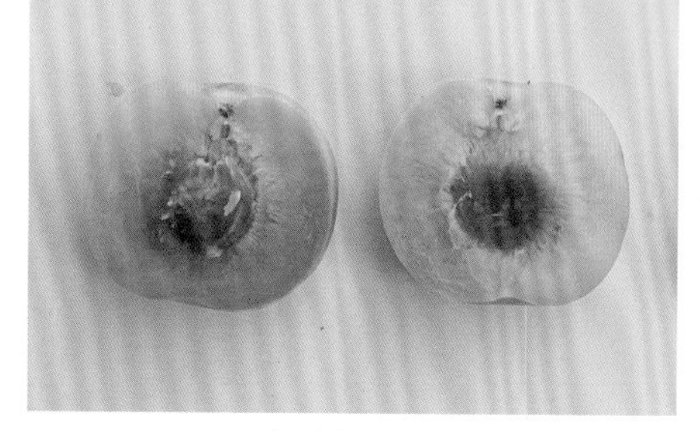

果实纵切面

果树

叶片

‘风味玫瑰’

结果状

果实

‘味帝’

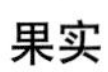

果实

果实

果实

‘恐龙蛋’

示范园全景

单株全树

全树花

花

芽

果实

全树果

‘味厚’

全树

全树花

果实对比

结果状

果实

‘味王’

全树结果

花

果实

果实对比

第二代杏李品种

‘晚熟味厚’

‘味心’

‘早熟恐龙蛋’

‘味金’